假如 C语言 是我发明的

讲给孩子听的大师编程课

王洋 徐俊 王瑞 著

U0281212

电子工业出版社
Publishing House of Electronics Industry
北京·BEIJING

内 容 简 介

一位从未接触过计算机编程的小学生提问，作者尝试站在编程语言发明者的角度来回答，提问有趣活泼，从不懂计算机编程到能参加信息学奥林匹克比赛；回答清晰深刻，描述正确的编程思维并能学以致用——本书在这样的一问一答中带领大家开启一次 C 语言入门之旅。本书不仅叙述 C 语言的全部语法规则，而且包含编程涉及的计算机科学的相关知识和基础概念，还精心编排大量短小精悍、循序渐进的编程任务，分布在本书的每个部分。读者如果认真地跟随本书实现每段程序，将具备 C 语言基础编程的能力。

C 语言历来被认为是为编程高手而生的语言，本书写给希望学习 C 语言的读者。无论你是小学中高年级的学生，还是计算机专业的大学生，或者是完全没有 C 语言基础和编程知识的人，本书都能带领你从零开始掌握 C 语言的全部语法，感受用 0 和 1 实现自己想法的成就感。

图书在版编目（CIP）数据

假如 C 语言是我发明的：讲给孩子听的大师编程课 /王洋，徐俊，王瑞著. —北京：电子工业出版社，2022.10

ISBN 978-7-121-44231-5

Ⅰ. ①假… Ⅱ. ①王… ②徐… ③王… Ⅲ. ①C 语言－程序设计－少儿读物 Ⅳ. ①TP312.8-49

中国版本图书馆 CIP 数据核字（2022）第 160265 号

责任编辑：孙学瑛　sxy@phei.com.cn
印　　刷：三河市君旺印务有限公司
装　　订：三河市君旺印务有限公司
出版发行：电子工业出版社
　　　　　北京市海淀区万寿路 173 信箱　　邮编 100036
开　　本：720×1000　　1/16　　印张：13.75　　字数：196.2 千字
版　　次：2022 年 10 月第 1 版
印　　次：2025 年 3 月第 7 次印刷
定　　价：79.00 元

凡所购买电子工业出版社图书有缺损问题，请向购买书店调换。若书店售缺，请与本社发行部联系，联系及邮购电话：（010）88254888，88258888。

质量投诉请发邮件至 zlts@phei.com.cn，盗版侵权举报请发邮件至 dbqq@phei.com.cn。

本书咨询联系方式：（010）51260888-819，faq@phei.com.cn。

前　言

Preface

　　和现在的很多小朋友一样，我儿子瑞瑞生来似乎就会用计算机，也曾经迷恋游戏。好在每个孩子都有的好奇心，让瑞瑞强烈地希望知道计算机里的那些游戏，以及各种各样强大的功能是怎么来的。在这份内驱力的推动下，瑞瑞开始了编程学习之旅。

　　我当年学习编程时经历过一段痛苦的时期，倒不是要学的知识有多难，而是因为我实在无法忍受别人制定的一系列规则，我只能傻乎乎地记忆，连质疑的权利都没有——谁让你学习别人发明的编程语言呢，别人定的规则，照着做就是了。后来，学了很多编程语言，也越来越佩服那些编程语言的发明者，我发现每位推动计算机科学发展的大神，都是伟大的哲学家，他们要用最少的编程语言语句，帮助人们实现计算机里所有的功能。如果只是单纯地学习最终设计出来的编程语言语句，根本就触碰不到编程语言发明者的灵魂。

　　我决定在和瑞瑞讨论学习的过程中，站在发明编程语言的角度，去理解每个语法规则是如何被设计出来的，这样或许能发现 C 语言的有些设计并不是最好的，于是我们就能设计出一个新的、更好的编程语言。

　　这本书记录了我和瑞瑞学习 C 语言过程中的讨论，我们发现 C 语言的发明者相当伟大。虽然我们没发明出一门新的编程语言，但是我们知道计算机编程语言就是人发明的，每个语法即便都有很多思考，也有其局限及改善空间。之后人们不断地解决已有的技术问题，或是产生了新的思想进步，又发明了很多新技术。从学习编程的第一天起，如果能够抱着这样的想法探讨将要学习的知识，未来才有可能成为伟大的计算机科学家。

本书将带着大家一起穿越到 C 语言发明的那个年代，尝试着自己设计 C 语言。这并不容易，需要先了解大量的计算机知识，为了不让你感到过于无聊，我们利用已有的 C 语言写程序，在这个过程中，去感受 C 语言的样子，积累发明 C 语言的背景知识，逐渐成为真正的编程语言发明者。

读者服务

微信扫码回复：44231

- 加入本书读者交流群，可获得作者一对一编程学习咨询
- 获取【百场业界大咖直播合集】（持续更新），仅需 1 元

目 录

Contents

V

第1章
程序小萌新 "Hello World!"

对于无比强大的计算机，我们不妨将其看成一个有特殊才能的人，它具备强大的计算能力。但在用这种能力之前，我们先来解决一个问题：计算机需要有能力和人进行交流，能够接受人的命令，并将运算结果显示给人看。在 C 语言被发明的那个年代，最好的输入方式是键盘，最好的输出方式是显示器，C 语言本身并没有设计输入和输出的功能。

瑞问："为什么不设计输入和输出的功能？"

我们需要很长的篇幅来讨论这个话题。这一章我们先来讨论输出，也就是将内容显示在计算机屏幕上。至于输入，难度就大多了，不仅要接收键盘的信息，还要将信息存储起来。在计算机里存储信息是一个大话题，我们以后再慢慢地讨论。

1.1 人类天生就是程序员

瑞问："当时为什么会发明 C 语言？"

对于很多人来说，计算机最重要的价值是可以玩游戏。虽然家长们对此深恶痛绝，但其实 C 语言被发明出来，就是为了方便编写游戏的。汤普森闲来无事、手痒难耐，想玩一个他自己编的、在太阳系模拟航行的电子游戏——*Space Travel*。可是他对当时的编程语言和计算机的操作系统不满意，于是发明了 C 语言，以及到今天都很牛的操作系统 UNIX。好吧！大神和普通人都喜欢游戏，不同的是，普通人只会玩别人编写的游戏，大神为了玩游戏会见山开山、遇水蹚水。

瑞说："感觉编写程序很高深。"

最初发明计算机的目的，就是帮助我们做数学运算。现在用计算机玩游戏、剪辑视频、处理图片等，在早期的计算机科学家眼里都是不务正业的。不过，这些强大功能的背后还是大量的数学运算，所以发明编程语言的第一步，就是要提供帮助人做数学题目的功能。别把编程想象得多么高深，在打开这本书之前，你已经写了很多程序，只不过这些程序不运行在计算机里。

瑞问："我哪写过什么程序？"

假设一个情景：我现在让你站起来，走到门口，打开门，去电梯口按电梯，电梯如果来了，你就坐电梯下楼。对于这个过程，我说一句话，你做一件事情，那么我说的每句话在计算机里就叫命令。我们用计算机做的每一步操作其实都是命令，比如，你打游戏的每个操作也是命令。

如果我把刚才那段话写在纸上，你拿着纸，一步一步地去完成那些命令，纸上所写的东西就叫程序。也就是说，程序是将一大堆命令组合在一起，可由计算机按照顺序自动地执行。因此，一旦掌握了编程，你就摆脱了一步一步用命令操作计算机的阶段，而有能力让计算机执行提前编写好的程序。

瑞问："编程可以用人类语言吗？"

计算机没有办法听懂人类的语言，人类的语言太过复杂。最让计算机崩溃的是，人说的同样一句话，在不同的场景下表达的含义可能不同，计算机远没有人类那么聪明。因此，人类不得不对计算机妥协，发明出准确而简洁的计算机编程专用语言，目标是用尽可能少的语句调动计算机的全部功能。

瑞问："这个世界上有多少编程语言呢？"

随着计算机越来越强大，人们对发明计算机编程语言这件事情的理解越来越深入，编程语言在不断发展。到现在为止，人类发明了大量计算机专用的编程语言，没人知道准确的数量，但毫无疑问，编程语言已经比人类的语言要多。甚至我教过的一个学生，他在小学五年级的时候，自己发明了一门新的编程语言。

然而，流行的编程语言倒是不多，也就十几种，很多编程语言在发展的过程中被淘汰了，像 C 语言这样经久不衰的编程语言更是稀少。

1.2 驾驭计算机

瑞问："那么多编程语言，为什么 C 语言经久不衰？"

每种编程语言都有优缺点，或者说，都有擅长的领域和局限。C 语言在所有流行的编程语言里是大神级的存在。C 语言诞生于 1972 年，深深地影响了之后出现的其他编程语言。C 语言定义的很多标准都被其他编程语言沿用了。在快速发展变化的计算机世界里，1972 年几乎是"石器时代"，你很难想象，那个年代计算机硬件的性能有多么弱，所以那个年代诞生的编程语言，只是为了生存在缺少资源的环境里。因而，C 语言成为我们能接触到的运行速度几乎最快的计算机编程语言。当然，C 语言在强大的同时，也意味着掌握起来会非常困难。就如同专业的赛车会比家用汽车性能更好，但是驾驶更难。20 世纪 70 年代的计算机科学家，在发明编程语言的时候，肯定无暇顾及让这个编程语言更容易学习。相比之下，他们更关心如何发明一门功能强大的编程语言。只有计算机科学不断发展，计算机及编程技术才会让人越来越容易使用。

瑞说："我感觉现在的计算机很厉害。"

本质上讲，计算机就是一个家用电器，和我们家里的电视、洗衣机、冰箱没有什么区别。买一台新电视回家，我们要花点时间去学习如何使用它，比如了解电视遥控器按键的功能。相比之下，计算机就复杂多了，光计算机键盘上面的按键就比电视遥控器上多很多，再加上，这些按键是可以组合在一起的，这就更厉害了。因此，我们得花更多的时间来学习如何跟计算机打交道。然而，靠我们一个个地去试用计算机的功能，有些不现实，而且即便我们掌握了计算机功能的每个细节，也不一定是计算机高手。因为计算机是可以用程序指挥的，只有学会编写程序才能进阶为计算机高手。

瑞问："我先要知道计算机是怎么工作的。"

计算机有两个核心组成部分：运算器和存储器。计算机能计算，它们是关键。

计算机里叫运算器的装置，能帮你把两个数加在一起，并得到结果。存储器将运算的结果保存下来。现在的计算机将运算器和一部分存储器合并到一起成为CPU。

确切地讲，程序就"活"在由运算器和存储器组成的核心区域里。像显示器、键盘、鼠标这些被称为输入输出设备的，只工作在这一核心区域的外围。程序在运算器里运算，在存储器里存储或读取，是非常容易的，但和外围设备打交道并不容易。这有点像你使用家里的任何东西，都是合情合理的，但是离开家，要去用外边的东西，就不会那么直截了当了。

计算机由运算器、存储器、控制器、输入设备和输出设备构成，这一结构是由冯·诺伊曼定义的。他被称为现代电子计算机之父，这个定义也被称为冯·诺伊曼体系结构，今天计算机无论多么强大，无论变成什么样子，都基于冯·诺伊曼体系结构。但冯·诺伊曼的贡献远不止于此，你可以花些时间去了解冯·诺伊曼的故事，很有意思——计算机科学就是由这样一些伟大的科学家推动进步的。

1.3　编程的魅力

瑞问："编程好玩吗？"

对于很多人来说，与学习数学相比，学习编程有意思多了。编程最棒的体验是，程序写完了交给计算机，计算机立刻将结果显示给你。浙江丽水的六年级学生刘恒熙在获得华罗庚杯全国金奖后，专心挑战信息学奥赛。我问他："为什么放弃数学？"他回答："数学题目做完后，没办法知道自己做对了，需要痛苦地等待着老师批改，通常还需要等待很久，编程就不一样了，一道题做完后，运行一下，立刻就知道对或错。如果错了，可以马上修改，再次运行，效率高出很多很多，关键是，这个过程不需要老师的参与，完全可以按照自己的进度挑战题目，这非常过瘾，也能带来很大的成就感。"

瑞说：“我和刘恒熙一起学过编程，他很厉害，我对他解八皇后问题印象还很深刻。”

有一天，我给瑞讲解八皇后问题：“在 8 行 8 列的国际象棋棋盘上，摆上 8 个皇后，要求每个皇后都不能被其他皇后吃掉。要知道，国际象棋的皇后能够吃同一行、同一列或同一斜线上的棋子。”

瑞听完这个题目的描述，问我：“为什么非要摆上 8 个皇后，少摆点不行吗？”我一下子蒙了，等我缓过神，我回答：“当时是谁出了这么无聊的题目，我不知道，但是，有很多更无聊的人试图解出这道题。对于八皇后问题，如果用穷举法解，就需要尝试 16777216 种情况，有人从中找到了 76 种解法，这个人就是伟大的数学家高斯。”

瑞说：“啥？摆上 8 个皇后，让它们和平相处，就成数学家了？”

不服气的瑞开始动手画 8 行 8 列的棋盘，尝试了整整一下午，表示不可能做出来。我问瑞：“是所有的结果都试过了，发现没戏？还是尝试的过程太烦了，中途放弃？”瑞说：“中途放弃。”

我们讨论了瑞尝试的思路，用 C 语言编写程序，计算机用不到 1 秒的时间算出了 92 个答案。于是，瑞觉得他也有成为伟大数学家的潜质，因为他会用计算机编写程序。

1.4 我们发明的 C 语言，计算机认识吗

瑞问：“在所有编程语言出现前，我们能够编写程序吗？”

即便任何编程语言都不存在，计算机也能工作。因为从某种角度看，计算机里的 CPU 提供了基于其自身硬件功能的编程语言。只是这门编程语言弱点太多了，比如，只会处理“0”和“1”，这门语言编写的程序看上去就是一堆“0”和“1”的数字。人们要用这个语言来编写程序，可真的是个噩梦。

再加上，不同的 CPU 提供的语言完全不同。这意味着，你学会了一种 CPU 的语言，换一个 CPU 还需要重新学一门编程语言。因此，我们要发明一种与 CPU 无关的编程语言，比如 C 语言——用 C 语言编写程序。

瑞问："可是，用 C 语言编写的程序，计算机能运行吗？"

不能，计算机并不认识用 C 语言编写的程序。虽然学习 C 语言并不轻松，但不得不承认，C 语言的发明其实就是为了让人更轻松地编写程序。因为计算机里真正可以认识和执行的程序对人来讲太难了，而人说的话对计算机来讲又太难了，于是，人们发明了一门中间语言：人们经过学习相对容易掌握的语言。而计算机把 C 语言编写的程序翻译成计算机可以运行的程序，这个过程就叫编译。做这个工作的程序，就叫编译器。

瑞说："这是个合理的设计，所以发明 C 语言的时候，一方面要尽可能让人好理解，另一方面必须考虑编译器'翻译'起来方便。"

1.5　"Hello World!"是个"梗"

"Hello World"在编程的世界里是个"梗"，说的是所有教编程的老师在第一节课都会让学生们在计算机屏幕上输出一个"Hello World!"。

瑞问："为什么第一节课都要学'Hello World!'？"

其实，在计算机屏幕上输出一个什么东西，并不是编程语言天然该有的功能。因为计算机发明的最初目的，只是能够快速运算，所以，C 语言发明的时候，也将注意力放在如何运算上。但很快，人们就发现，计算机运行程序、做了运算，不知道如何将结果告诉我们。这就意味着，无论运算能力有多强大，如果不能把结果告诉我们，那么这个运算都毫无意义。于是，让计算机把运行结果显示出来，就成了编程的首要任务。

瑞问："有道理！那么，计算机到底怎么在屏幕上显示内容呢？"

计算机发展的早期，有过很多显示方案，最终人们发现，显示器是最棒的输出设备。然而，把内容显示到显示器上，并不容易。显示屏上密密麻麻地布满了点，我们称其为像素点。这些像素点的亮与灭形成了显示器上的图案，比如，我们要显示"5"，在显示器上显示的是 5 的图像点阵。将 5 这个数字转换成图像点阵，是一个复杂的过程。

然而，把要显示的内容传输到显示器上，这个过程更复杂。我尝试着将这个过程简单地描述出来：显示器上的像素点，是和存储器的某个区域对应的。存储器其实分为两个类型，有一类存储器处于计算机最核心的位置，称为内存。程序操作内存很容易。将需要显示的内容放在内存里，计算机里的一个硬件装置叫显卡，它负责将那段内存区域的内容转移到显示器对应的像素点。

在计算机发展的早期，人们要显示的内容比较简单，现在变得越来越复杂了，我们不仅要输出给显示器，还有打印机、耳机，未来肯定会出现更多输出设备。当时，每增加一个输出设备，就要修改计算机硬件设计，专门支持新设备，这太麻烦了，所以人们想到了更好的办法。计算机只需将信息从内存送到外边，这个操作统称为输出。在设计计算机的时候，所有的输出设备一视同仁，不针对具体设备进行专门的设计，新发明的输出设备自己想办法用合适的方式显示，这样计算机的设计就简化了下来。输入设备也用了同样的设计方案，组合在一起简称 I/O（Input/Output）。

瑞说："听起来相当复杂，不好理解。"

把东西显示到屏幕上，很复杂，需要几百行的程序，初学者根本不可能完成这样的任务。好在有编程的前辈把那一大堆程序统一成一个叫 printf() 的程序。我们只要在程序里写"printf()"，就能将结果输出到显示器上。而至于这几百行程序在处理什么，以及其间发生什么事情，我们不需要关心。

瑞问："printf 后面有两个小括号，那是干什么的？"

printf 告诉计算机即将显示东西，而括号中的信息就是我们需要显示的内容。小括号是个不错的设计，看上去像是填空题，例如，运行 printf("Hello World!")，就能在显示器上显示出"Hello World!"。另外，还有一点需要提醒，printf()不是 C 语言自身的功能，所以你还需要再写一句话"#include<stdio.h>"，告诉程序：我需要使用 stdio.h 里面的输入输出功能。

还有一些细节，我需要进一步解释一下。在 C 语言中，单词拼写正确、大小写正确，十分重要。在严谨的计算机中，"A"和"a"是完全不同的东西。编程语言的初学者，常常会在大小写上出错。为此，有些编程语言人性化地不区分大小写，但是这个"人性化"会增加计算机的计算负担，在 C 语言被发明的年代，计算机硬件性能完全不足以提供这样的"人性化"。

瑞问："stdio.h 是个名字吗？"

#include 可以解释成"我需要使用别人的程序"。需要使用的程序放在<>中。stdio.h 仅仅是一个名字。但是你能看到一个优秀的程序员在起名字的时候，会尽可能让别人一眼看懂，如 std 是英文 Standard（标准）的缩写，i 和 o 分别代表 Input（输入）和 Output（输出）。

还记得我前面解释程序是什么的时候说过，给人一张纸，上面写了很多命令，人会照着去做。人的习惯是从纸的第 1 行开始向下看，而计算机不是这样的，它会寻找一个特定的位置执行你所写的程序。我们将这个位置称为程序的入口。

瑞问："程序入口怎么写？是规定好的吗？"

我们买回家的计算机，本身已经包含了一些程序，其中最重要的程序就是操作系统。我们使用计算机时下达的每条命令，都会被操作系统获取并翻译成由计算机硬件执行的一系列动作。而我们编写的程序，也是运行在操作系统这个程序之上的。可以这么理解：操作系统就是一个太空的空间站，我们所编写的程序是要到达这个空间站的飞船；无论是哪个国家的飞船，无论是货运飞船还是客运飞船，都需要和空间站连接在一起。

要连接，就需要一个接口。C 语言所编写的程序和操作系统之间的接口的名字叫作 int main(){}，这是一个标准的写法，因为接口就是这么定义的，你会看到其中也有一对小括号。随着学习越来越深入，你会发现 C 语言里有一些规则，有助于我们触类旁通地去理解另外一个地方出现的相同符号。这里的小括号也是允许你填写信息的。现在我们并不需要填什么，但是即便什么都不填，小括号也必须写。

后面还有一对大括号，你跟计算机说的话、编写的程序都放在这对大括号里。思考一下，如果由你来设计 C 语言，是否有更好的方案？其他的编程语言确实也有不同的做法，不过不同的做法各有优缺点，{}的设计其实还不错。

瑞说："接口为什么要有小括号？我还是不明白。"
这个目前先当成固定写法记住，时间久了才能理解。

1.6 出发！编程大神

我们现在的任务就是在屏幕上显示"Hello World!"，那么完整的程序是这个样子的。

代码 1-1
```
#include <stdio.h>
int main()
{
    printf("Hello World!");
}
```

瑞问："看起来怪怪的，一定要按照这样的格式写吗？"
这个程序写了很多行。把它们全部都写在一行中，计算机是认识的，但是这样看上去不够优雅。虽然对于计算机来说，优雅并不重要，但是优秀的程序员会遵循一些规则，努力地把自己的程序写得优雅。

你会发现，printf()后面有一个分号，分号代表我们跟计算机说的一句话结束了，这是必须写的。其他几行末尾没有分号，是因为那些行的语句都是编写这个程序的准备动作，而不是真正的指令。还记得编译器吗？分号对编译器而言非常重要。编译器在"翻译"时是一句话一句话地处理的，分号是一句话结束的标识符，是需要让编译器识别的。

前面说过，printf 后边的括号里放的是我要输出的内容，今天我要输出的"Hello World!"对于 C 语言来说是一句话。而一句话需要放在英文的双引号里。放在双引号里的内容，称为字符串。这样就会让编译器处理成在显示时将原文输出。

瑞问："哦！我明白了，都不能写错，问题是程序怎么能写到计算机里呢？"

现在，你需要想办法将这段程序输入计算机。所有的文本编辑器都可以用来输入程序，计算机自带的记事本就能完成这个工作。而 Word 并不是一个标准的文本编辑器，因为它提供了太多的功能。程序输入的"标准范式"，就是要使用纯文本编辑器。

1.7　让我们的程序运行起来

瑞问："我写完了，前面说过的编译器，计算机里有吗？"

并不是每个计算机使用者都需要 C 语言编译器，通常计算机里并没有提供 C 语言编译器，我们需要去互联网上搜索并下载 C 语言编译器。C 语言已经经历过了很长时间的发展，所以你能找到很多种 C 语言编译器。我推荐大家使用 GCC 编译器，你需要到互联网上去寻找最新版 GCC 编译器下载安装。如果不知道如何下载并安装使用 GCC，你也可到互联网上搜索一下相关的帮助。

　　瑞说："现在可以开始写程序了，我写的程序也应该有个名字吧？"

　　在计算机里所有的程序都要有一个名字，C 语言程序的名字是可以随便起的。但是需要注意，计算机系统在设计文件名的时候进行了这样的约定：一个完整的名字是由"文件名.扩展名"构成的。文件名，顾名思义，是用来识别文件的，扩展名是计算机里用来约定这个文件是什么类型的。例如，人们特别容易通过扩展名来判断，图片文件扩展名可能是 JPG，声音文件扩展名可能是 mp3。

　　瑞问："C 语言的扩展名是什么？"

　　C 语言程序文件的扩展名约定为 c，我这里用 cpp。

　　注意：按理说，cpp 是 C++ 程序文件的扩展名。C++ 是在 C 语言的基础上发展的一门编程语言，它完全包含 C 语言，因此，把文件的扩展名命名为 c 或 cpp 目前区别不大。因为本书后续会少量地使用 C++ 的一些功能，所以，我们索性就把扩展名定义成 cpp。

　　我们把 C 语言程序保存好，并且给了一个名字后，就可以使用 GCC 编译器编译程序了。GCC 将我们所写的程序"翻译"成计算机能够执行的程序。假设程序文件的名字叫 test.cpp，我们就可以在控制台上输入命令：

```
g++ test.cpp -o test.exe
```

　　瑞问："控制台又是什么？"

　　现在大家熟悉的计算机环境都是图形化的界面，而过去计算机的操作环境是在黑色的背景下，有一个光标在一闪一闪的界面，如图 1-1 所示。我们将这个界面称为控制台。事实上，控制台一直存在。我们看到的漂亮的图形化界面，只不过是在控制台的基础上外加了图形展示，其目的是让人们更舒服地使用计算机。如果你使用的是 Windows 操作系统，就需要在开始菜单里输入 cmd 启动黑色屏幕的控制台，然后才能在控制台上输入要编译的命令。

图 1-1　控制台

瑞问：**"我能理解 g++就是启动那个编译器，test.cpp 是我写的程序，后面的又是什么？"**

编译命令中有-o test.exe，这里的-o 是告诉计算机，对于编译后生成的文件名，我要自己指定。test.exe 就是编译生成的名字。

瑞问：**"编译好了怎么运行呢？"**

编译成功后，就可以输入 test，并按回车键。如果这个过程顺利，那么你将看到屏幕上出现"Hello World!"。

瑞问：**"为什么我的程序运行不了？"**

要先看一下是否生成 test.exe 文件。

通常你编写的第一个程序没这么顺利，只要在编写程序时犯了一点错误，编译都不会成功，并且会在编译命令的后面反馈信息。对程序员来说，这样的场景很正常，你需要打开程序文件改正错误，再次编译，直到没有任何问题，编译成功并生成 test.exe 文件。

注意：每次修改后，一定要在再次编译前保存文件。

瑞说：**"这个过程太麻烦了。"**

你也有可能会遇到找不到你所编写的程序的问题，因为文件存储在计算机里的什么位置上，是一件有点复杂的事情。如果你真的搞不定，我就再教你一个更简单的办法。

C 语言的程序员发现，开发 C 语言程序必须进行——编写程序并保存，将它编译成可运行的程序，然后运行——这一系列的操作。程序员自然会想到用程序的方式来简化这些操作，于是就出现了一种叫集成开发环境的程序。我推荐 Dev-C++这个集成开发环境。正如你期望的那样，使用它，程序的编写、保存、编译和运行都将在这里完成，再也不需要切换来切换去了。

探索：你需要自己琢磨下载并安装 Dev-C++这个软件。

这个软件和大多数的软件一样，在菜单里找到"文件"项并右击，在弹出的快捷菜单上选择"新建"→"源代码"，就可以开始写程序了，如图 1-2 所示。

图 1-2　在 Dev-C++中开始写程序

写完程序（图 1-3）后，在菜单里找到"保存"选项，或者直接使用组合键 Ctrl+S 来发出保存命令。之后，会出现一个对话框，如图 1-4 所示，这就是让你提供文件名，并且选择程序存储在哪里的对话框。你可以在其中输入文件名 "test"，它会自动提供 cpp 这个扩展名，我建议你清楚地选择程序的保存位置。

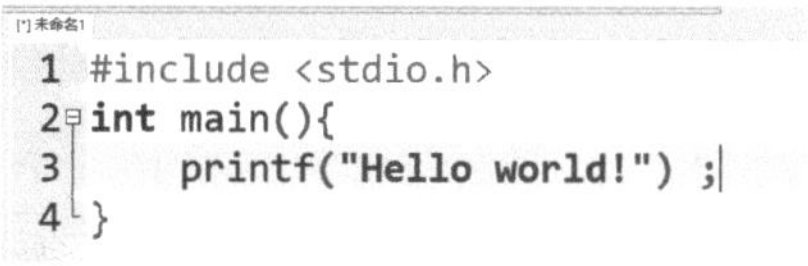

图 1-3　程序本身

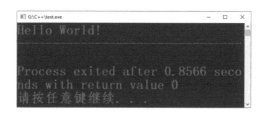

图 1-4　保存程序

程序保存后，你需要编译并且运行它。F9 键是编译的快捷键。F10 键是运行的快捷键。如果你按了 F11 键，则同时编译并运行。

如果一切顺利，你会看到出现一个黑色的窗体，如图 1-5 所示，显示出你想要的结果 "Hello World!"。

图 1-5　显示结果

如果程序中有错误，那么在编译时，屏幕下方有一个专门的区域会给出错误的提示。此时，你需要回过头来仔细地检查，找到错误，把它改正，再重复 "保存—编译—运行"这一过程。这是每个人都会经历的困难时期，因此，当你发现成功地显示了"Hello World!"，那么恭喜你，这是一个重要的里程碑！你闯过了成为一个伟大程序员的第一关！无论其间有多么令人沮丧的事情，永远要记得计算机是不会犯错误的，出现错误一定是你的问题。我们现阶段还不熟悉计算机的脾气，别着急，随着写的程序越来越多，我们会越来越了解编程这件事情，出现问题也就不再可怕了。

瑞说："这个 Dev-C++太好了，我不用在几个窗口之间切换来切换去了。"

我不准备详细地讲解怎么使用 Dev-C++这个工具，如果你想知道更多的使用技巧，则可以到互联网上去寻找答案。C 语言发展了这么久，市面上有非常多的集成开发工具，它们各有优缺点，你可以根据自己的喜好选择。本书用的是Dev-C++。

注意：如果你的第一个程序没有成功运行，我建议你不要往下看。在学习编程的过程中，你学懂什么不重要，只有将程序成功地写出并运行才是真学会了，因此，在学这本书时，如果某个阶段的程序你写不出来，那么就不要向下看了，先努力让程序成功地运行起来。

1.8 输出没那么容易

在发明编程语言的过程中，会有一个让人纠结的小麻烦，那就是，自己起的名字如果和定义好的命令重名了，编译器就会出现混乱。我们把 C 语言语法定义好的单词称为关键字，规定编程时自己起的名字不能和关键字重名。因此，我们尽可能少地定义 C 语言的关键字。有些单词是 C 语言语法严格规定的本身有含义的命令，比如 include、int，以及括号、分号、引号这样的符号，编译器要识别它们并且做出相应的操作。到目前为止，我们都在使用别人的程序，比如stdio.h、main、printf，所以我们要遵守别人定义的名字规则。要不了多久，我们就会为我们自己的程序起名字，如果别人想借用我们的程序，那么同样需要准确地写出我们所起的名字。

瑞问："如果双引号里有关键字，行吗？"

这当然没问题，这就是在设计的时候把我们要说的话放到双引号里的原因。双引号里边的东西，对于编译器来说，没有执行的含义——基本上无论写什么，运行时都会被原样地输出到控制台上。

显示输出的"Hello World!"这句话并不是一个命令。你如果写错了，不会出现编译错误，最多是运行的结果和你想的不太一样。

瑞问："我输入的程序有很多颜色，这有特别的含义吗？"

这不是 C 语言的功能，仅仅是 Dec-C++这个开发环境用颜色来提示我们的输入是否正确，很多人觉得，改变颜色这个想法太棒了，但对于高手来说这无关紧要。

思考：如果我就想输出一个双引号，那该怎么办？

瑞说："我试了一下，不行，出错了。"

写成"printf("Hello" World!");"，不能输出双引号。这就是个大问题了，在括号里出现了三个双引号，C 语言编译器没有那么聪明，它看到的是第 1 个双引号，然后去寻找第 2 个，找到后就把这两个双引号中间的部分当成你要输出的内容。之后，C 语言编译器发现了第 2 个双引号后边的那部分内容不符合 C 语言的语法，于是就结束了自己的工作，跳出来跟你说，这里出错了。因此，程序这么写是不行的。

思考：假如你是发明 C 语言的人，你该如何解决这个问题？或许你已经提出了解决方案。无论它是什么，这都非常重要。因为只要我们自己有想法，我们和 C 语言发明者之间的差距或许就仅仅是出生的早晚而已。

瑞问："是输入两个单引号吗？"

不是，单引号有单引号的用处。C 语言发明者使用 "\"" 来代表一个 """，"\" 叫转义符，意思是告诉 C 语言编译器 "\" 后边那个符号并不是 C 语言语法本身定义的含义，而仅仅是一个字符。

注意：需要提醒你，计算机键盘上有两个斜线 "/" 和 "\"，只有 "\" 是转义符。

尝试：把刚刚的程序中的输出语句修改成 "printf("Hello \" world!");"，然后保存、编译、运行。看一下输出的这句话中是否包含了一个双引号。

注意：再次说明，每次提到程序中可能会出现的效果，你最好都把它用程序实现出来，看看是否如你想的那样。在学习编程的过程中，任何说法都不重要，只有用程序实现过，发现结果确实是这样的，才重要——耳听为虚、眼见为实。

转义符这个想法，也没多伟大，这只是一个解决方案而已。不过，转义符并不仅是为了输出一个双引号，还有很多情况需要它。如果我们试图在控制台上输出两行话，比如：

Hello

My name is

探索： 或许你会想到写两行 printf。

代码 1-2

```
#include <stdio.h>
int main(){
    printf("Hello");
    printf("My name is") ;
}
```

运行结果如图 1-6 所示。

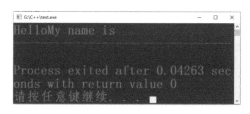

图 1-6　代码 1-2 的运行结果

运行显示的结果依然是 1 行，因为程序运行的结果和你写程序的格式没有任何关系。或许我们可以换一个思路，这样写：

代码 1-3

```
#include <stdio.h>
int main(){
    printf("Hello
    My name is") ;
}
```

瑞说："不行，出错了。"

C 语言的编译器会以行为单位去检查这句话是否是正确的。这时候，转义符就该上场了，在输出的时候用\n 代表换行。

代码 1-4

```
#include <stdio.h>
int main(){
    printf("Hello\nMy name is") ;
}
```

运行结果如图 1-7 所示。

图 1-7　代码 1-4 的运行结果

注意： 我想你已经发现，我希望你明白，学习编程是一个探索的过程，你会遇到一个问题，或是我给你提出一个问题，你先用自己的想法去尝试，试过所有的可能方案后，我会告诉你 C 语言的规则是什么。但是，如果你直接看正确答案是什么，那么你永远都学不好编程。你需要主动思考，寻找解决方案，并且亲手去写代码、去尝试，这两点做到了，再加上我的引导，你会感觉 C 语言非常简单，甚至还有可能提出更好的解决方案，那你真的可能会发明一门新的编程语言。

瑞问："是不是还有其他的转义符？"

是的，还有一个有用的，\\代表一个\。如果到网上去查询其他的转义符，则会找到很多，其中有一些是早期程序的需要，现在用处不大了。

第 2 章

计算机是个数学天才

到此为止，我们只是感受了一下如何让计算机显示我们想要显示的内容，还有很多功能没有接触到，也没有真正地开始感受 C 语言的魅力。这就像刚刚进入一个游戏，地图是全黑的，我们要慢慢点亮整个地图。

所有的人都知道，计算机最强大的能力是数学运算。编程语言自然要设计出支持运算的语句。一个聪明的做法是想办法让运算语法贴近人的思维习惯。我们一边想着如何能够合理地设计运算语法，一边了解 C 语言是如何做的。

2.1　先算个 1+2 吧

瑞说：“我们还是快点让 C 语言有运算能力吧。”

把 C 语言运算设计成和数学运算看起来很像的样子，应该没有比这更聪明的做法了吧？其实，在 C 语言之前的早期编程时代不是这样的。C 语言支持加（＋）、减（-）、乘（＊）、除（/）。当然，数学中的乘号是×，C 语言中是*，数学中的除号是÷，C 语言中是/。二者除了符号样式不同，运算符号的规则是一致的。

瑞问：“为什么 C 语言的乘除号和数学的不同？”

那不是因为键盘上没有这两个符号吗？

探索：我们先来试试 1+2 等于几。你可以先自己利用学过的知识试着完成一下这个程序。

代码 2-1
```
#include <stdio.h>
int main(){
    printf(1+2) ;
}
```

瑞说：“这个程序编译出错了。”

这是因为 printf 并不支持直接输出数字。我们有两个方式解决这个问题：第一种方式，我们还用 printf，学习它更加强大的技巧。还有一种是 C++的语法，在下一节讨论。

瑞说："原来 printf 还没学完。"

我们目前学过的 printf 输出的基础是字符串，显示的一句话对于计算机来说就是一串字符。字符串是由一对双引号标识的，关于这个我们已经很有经验了。printf 输出数字，需要将数字嵌入字符串，输出 1+2 的写法是"printf("%d", 1+2) ;"。

瑞说："这么复杂呀！"

将程序修改成正确的写法，试一下。

瑞说："可以了，计算机算出了 3。"

其实""也是个字符串。计算机只要见到有一个""，不管里边有没有东西，也不管东西是什么，就认定里面的都是字符串。

瑞问："%d 是干什么的？"

%d 代表在这个位置上，我需要显示一个数字。这个数字就是逗号后边提供的那个。这里我们提供的是 1+2，但它显示的不是 1+2，而是 3，因为%d 决定了它只要一个数字，所以程序会自动把 1+2 算出来，结果放到%d 的位置上。

瑞问："既然可以是字符串，那么我是否可以写一些话在里头呢？"

探索： 运行"printf("计算的结果是%d",1+2) ;"这句话的显示结果是什么？

你试一下应该能发现，没问题，或者我们写得更合理一点，像这样：

```
printf("1+2=%d",1+2) ;
```

瑞说："这样输出的结果看起来就舒服多了。"

我没有让你一上来就这么写，是因为虽然输出的结果舒服了，但写这个程序的时候是会有迷惑的——1+2=是一个字符串，后面的 1+2 是计算的数字。发明 printf 程序的人想法还是很特别的，他这么设计就是为了让 printf 无比强大，但是一定还有更好的设计。

注意：程序员最难的是，心中装着程序运行后的结果，脑袋里想的是如何一步步实现这个结果。但现实往往是，编写的程序和结果总会不一样，会有很多想不到的细节问题，需要不断修改程序。运行结果是具象思维，实现过程是抽象思维，不断切换两种思维是一个很大的挑战。随着我们写的程序越来越复杂，这个挑战会变得越来越难，当然，在这个过程中，我们的思维能力会越来越强大。

2.2 C++的显示进化

瑞问："是不是有不那么烧脑的做法呢？"

好的，我们换一种写法。

代码 2-2

```
#include <iostream>
using namespace std ;
int main(){
    cout << 1+2 ;
}
```

瑞说："这看起来舒服多了，我也能算出 3。"

这是 C++的做法，C++是对 C 语言的改良，所以 C++提供了更加强大的功能，对程序员也更友好。

瑞问："既然 C++这么友好，那为什么不直接用 C++？"

C++语言是在 C 语言的基础上扩展出来的语言，所以 C 语言本身就是 C++

语言的一部分，C 语言一切的功能 C++ 都支持。学习 C 语言也就是学习 C++ 语言。

我解释一下新的程序吧，第一行变成了 #include <iostream>。

瑞说："<> 里面的名字变了。"

是的，我们要用另一位编程前辈给我们的程序了。

注意： 因为 #include 总是要写在程序开始的地方，所以大家也将其称为导入头文件。

瑞说："第二行 'using namespace std ;' 看上去很复杂。"

这句话叫作定义命名空间，这是 C++ 增加的。C 语言里没有这个语句。我们通过之前的经验知道，在这里使用的 printf，是别人提供的一组名字叫作 printf 的程序。时间长了，越来越多的人会分享自己的程序，那我们就会有越来越多的不一样名字的程序可调用。

瑞问："名字起多了是否会重名呢？"

是的，到了 C++ 的时代，这个问题就很严重了。为了解决这个问题，加入了一个叫作命名空间的概念。举个例子，在中国会有很多地名，你的学校旁边有一座山叫"牛头山"，可是我知道，在其他很多地方，也有不少牛头山，但是这没有问题，发生名字冲突的时候，我们会说这是"云南省昆明市牛头山"，"云南省昆明市"就是命名空间。今天我所要使用的这个程序的名字，会放在 std 的命名空间里，这样我就可以确保这个名字是明确且唯一的。

瑞说：" 'using namespace std;' 就是'云南省昆明市'。"

输出的语句是"cout<<1+2;"，cout 是调用别人程序的名字。这个名字起得不错：c 是控制台；out 是输出；<< 是一个天才的设计，非常形象地表示把后边的内容送到控制台输出。事实上，我知道这个设计在当时费了不少周折。

瑞问："用这种方式实现输出 1+2=3 的效果该如何写？"

```
cout << "1+2=" << 1+2 << endl ;
```

瑞说："还能不断地<<！"

字符串和数字还是不能混在一起的，但是这么做看上去舒服多了。额外地，我加上了 endl，这是换一行的功能，和 printf 里的\n 效果一样。

瑞说："C++语言和 C 语言相比，变化还真是不小。"

思考：体会了 C 语言和 C++语言实现相同功能的不同做法，你会发现，编程技术越来越人性化了。在计算机发展的早期，编程技术只能关心如何更好地满足计算机的需求。随着计算机越来越强大，编程语言的设计者在前人成果的基础上思考得也越来越多，编程技术也越来越靠近人的思维。不过，事情总是有利有弊，编程技术人性化的同时对高手来说乐趣会变更少，所以非常多的程序员还是会迷恋 C 语言这样的技术。

2.3 计算机只会算加法

和很多人想象的不一样，如此强大的计算机，其实只会做加法运算，并不支持减法、乘法和除法的运算。当时，设计计算机有两个方案：一是计算机的运算器只支持加法；二是运算器同时支持加减乘除。

瑞说："当然是同时支持加减乘除的运算器厉害呀！"

并不是，只支持加法的运算器在结构上要简单多了。结构简单意味着设计 CPU 的时候可以容纳更多的运算单元，这样就能让加法的运算速度加快很多很多。那是因为，CPU 本身支持的每个功能对应地给程序员提供了一个指令，你可以理解为 CPU 提供的命令。这样的指令，CPU 甚至会提供 300~500 个！早期的 CPU 倾向于提供更多的指令，后来发现这样做并不值得，有些指令用处不大，却占用了 CPU 宝贵的空间——去掉不常用的功能，可以给常用的部件留出更多的空间，加快运行速度。

还有一个问题，为了区分更多种类的指令，连标识每个指令的名字都会占用更多的空间，这样就造成运行程序变大、传输变慢。

瑞说：**"所以，CPU 功能强大，反倒会让运行变慢。"**

是的，后来的 CPU 便努力减少指令的数量，支持很多指令的 CPU 被称为复杂指令系统。相应地，经过优化，只支持很少指令的 CPU 叫作精简指令系统。问题是，指令精简了，是不是很多功能就没有了？其实，那些 CPU 不支持的功能是可以用程序模拟出来的，模拟不出来的功能当然不能去掉。例如，CPU 支持加法运算，但不支持乘法运算，我们是不是可以用多加几次来模拟出乘法呢？

瑞问：**"本来乘法就是从加法发展出来的，减法也简单，加一个负数就是减法，可是除法没法用加法模拟吧？"**

减法的模拟没有想象的那么简单，因为计算机存储器本身也存不了负数，所以需要特别处理。除法是可以用加法模拟的。现在我们不研究这个问题了，回头再来讨论。

2.4　小学生的除法

瑞问：**"在数学上，除法很特别，除不开的时候是显示小数还是分数？"**

探索：那我们就试试呗。

代码 2-3
```
#include <iostream>
using namespace std ;
int main(){
    cout << 10/3 << endl ;
}
```

瑞问："什么？显示 3，既不是小数也不是分数，这怎么行？"

探索：修改程序试一下 23/8，看看结果是什么？

在 C 语言中，整数除以整数只能得到整数，小数部分会完全被舍弃。这个舍弃并不遵循四舍五入的规则。

在计算机中，存储器只能存储整数，没有存储小数点这个装置，所以小数运算需要特别复杂的设计。你可以思考一下，该如何解决这个问题？

比如，我们运算 28+35 会得出结果 63，而 2.8+3.5 的结果是 6.3。问题的关键是小数点，如果我们有能力表示小数点的位置，那么我们就能处理小数了。

瑞说："存储数字的时候，只要在合适的位置点上小数点就好了。"

这不行。存储器不能存储小数点，只有数字，甚至连字母都没有。计算机里的一切信息都要转换成数字来存储。

瑞问："难以想象，比如将字母 a 存到计算机里，该怎么存储呢？"

其实人们并不关心计算机怎么存储，只要存进去的是 a，取出来还是 a，就能接受了。比如，我们约定 a 在计算机里存储为 100，从存储器里取出来时见到 100，就显示 a，中间有个转换过程，这样就能让只存储数字的计算机也能存储字母。

瑞说："计算机怎么知道存的是数字 100，还是字母 a？"

这是个好问题，计算机不能区分，程序员可以区分。C 语言要提供这样的区分手段，到目前为止，我们知道，字母会出现在""中，编译器见到""就会按照字母的规则存取。我这么说并不正确，因为""里面放的是一串字符（字符串），而字符用"来标识，比如，字符 a 就用'a'来标识。

瑞说："所以，区分数字和字母也是设计 C 语言规则要考虑的问题，数字不用管，字符用"标识，字符串用""标识。"

差不多是这个意思，不过""是一堆字符在一起的简化表示，存取的规则和"相同。

瑞说："我大体理解，小数也需要定义存和取的转换设计。"

是的，这个问题你先思考一下，后面我们详细讨论小数的处理方案。

瑞问："好吧，关键是有没有什么办法能够除出来小数？"

可以，只要两个数有任意一个是小数就可以。

```
cout << 10.0/3 << endl ;
```

瑞说："这样就可以得出小数了。"

因为小数需要特别的转换过程，所以在计算机中，整数运算的速度比小数运算快很多。如果两个数都是整数，计算机就会使用整数的运算规则，结果不会出现小数。一旦有一个数字是小数，计算机就会启动小数的运算规则。

瑞说："所以 10.0 会逼迫计算机使用小数运算规则。"

如果两个整数相除，是不是就很像还没学到分数和小数的小学生？

2.5　小学生会余数

瑞说："小学生刚刚学习除法会说，5÷2 得 2 余 1。"

余数，C 语言也会。C 语言已经能够实现 5÷2 等于 2 这件事了，只需给程序员提供一个求出余数的手段就好了——用符号%求余数。%在编程语言中又称为模运算，找到这个符号并不容易，因为数学中没有定义只取模的运算符号。在 C 语言中用哪个合适呢？要避开其他的数学符号。其实，#、$、^、&这些应该都符合要求，但是很快就发现，C 语言还要定义不少符号。也没有更好的解决方案，就定义 % 为求余的运算符好了。

探索：编写程序，试一下 5%2 的结果是什么。

瑞问："% 到底叫求余运算，还是叫模运算？"

其实都行。模是 mod 的音译，程序员习惯叫模运算。模运算在编程中用处很大，后面有不少程序会用到。

2.6　C 语言也遵守优先级

瑞问："在 C 语言中可以连续运算吗？比如 2+3×5。"

探索：这种问题不需要问我，写个程序验证一下就知道了。在计算机中运行出来的结果就是真理。

瑞说："结果是 17，看起来 C 语言的运算也遵守算术优先级的规则。"

是的，乘法和除法的优先级比加法和减法高，并且也支持用 () 来修改优先级。

探索：你先试一下 (2+3)×5，或者自己找些计算式子来试一下。

探索：先心算 $(((3+2)×2)÷3)+2×4$ 的结果是多少——别忘了整数除整数，结果是整数——再写程序来验证一下。

第 3 章

过目不忘的计算机

如果没有存储能力，那么计算机还是什么都做不了。想一下人的大脑，记忆力是很重要的一件事情，计算机也是这样的，好的记忆力是记得多和记得快，计算机同时还要求价格便宜。我们来讨论一下计算机科学家做的那些努力，以及如何设计 C 语言，从而尽可能地发挥出计算机硬件的性能。

3.1　内存和外存是个天才的设计

所有的数据，在计算机中都是要被存储起来的。存储这些数据就需要存储空间。计算机中通常会有两个存储空间：一个是内存，另一个是外存。我们常常在买手机或计算机时，看到标识上写 8GB+128GB，这里 8GB 代表内存容量，128GB 是外存的容量，其中，GB 是存储容量的单位。GB 这个单位很大，1GB 可以存储几万本书的内容。

瑞问："为什么要分内存和外存？"
计算机科学家试图寻找容量非常大、运行速度非常快又价格便宜的存储器。但是到目前为止，一直没有成功——容量大的通常速度就会慢，同时价格会便宜，而速度快的，价格就会比较贵，也就不能让容量变得很大。

后来，计算机科学家想到了一个聪明的做法。因为计算机 CPU 的速度很快，所以科学家就用一个速度快、容量小的存储器和 CPU 打交道，这样 CPU 就不会被存储器的速度拖累。把一个容量很大但速度很慢的存储器放到外面，和里面速度快的存储器打交道。所以，就形象地分别给它们起名为内存和外存。

内存和外存还有一个区别：计算机关机后，放在外存里的东西依然会被保存，而内存里的东西将会消失。

瑞问："还是不太明白，就是一个快一个慢，一个大一个小，是吗？"
举个生活中的例子，内存更像厨房里的灶台，外存可以看成冰箱。东西平时都是存储在冰箱里的，冰箱可以很大，但是去冰箱里拿东西会比较慢。做饭的时候，因为我们会频繁地使用今天做饭要用到的食材，所以我们会把需要的食材从冰箱里拿到灶台上——虽然灶台上容纳不了多少东西，但使用起来会比较快捷。

瑞说："所以程序会运行在快的内存里。"

是的，程序是"活"在 CPU 和内存中的。在程序运行前，它被保存在外存里，一旦这个程序运行了，那它就将从外存被传输到内存里，并在内存里运行。在早期，程序都是这么工作的。但人们很快就发现了一个问题，如果程序运行时需要的存储空间比内存大，那么这个程序就没有办法运行。

瑞说："没见过运行不了的程序呀？"

这是因为后来计算机科学家聪明地解决了这个问题。一旦内存不够了，程序就会把一部分外存暂时当成内存用。只不过这么做的后果是程序的运行会变得很慢，这是因为在速度上，外存比较慢，内存非常快。

你看，计算机的发展，就是遇到一个难题，科学家想办法解决这个难题的过程。

瑞说："所以买计算机的时候，8GB+128GB 这两个数字的作用是不同的。"

如果配的内存大一些，那么计算机的运行速度就会快一些。因为内存大，将外存暂时当成内存用的这种情形就会减少。但是，如果你想安装更多的程序或下载很多电影，你就需要增加外存，所以，外存变大不会让计算机变快，内存变大不会让计算机能够存储更多的电影。

3.2　数据有类型

瑞说："所以，要给计算机安装更大的内存和外存。"

C 语言诞生那个年代的计算机，内存和外存都非常小，所以 C 语言要设计得让程序员在非常有限的存储空间里完成更多的事情。即便是在当下计算机的存储空间已经变得充裕的情况下，能否节约存储空间，依然是判断这个程序员是否具备高水平的一个标准。C 语言一直经久不衰，是因为与很多编程语言相比，它提供了强大的节约内存的手段。比如，更加丰富的数据类型，就是这些手段之一。

瑞问："数据类型和节约内存怎么就扯上了？"

可以想象，在计算机里，存储数字 1 和存储数字 100000000，所要占用的存储空间是不同的。假设存储 1 用 1 份空间，而存储 100000000 需要用 13 份空间，你会想计算机是否能根据数据的大小，自动地分配要存储的空间大小。

瑞说："计算机应该就是这样存储数据的。"

很快，计算机科学家就发现这不是一个好的办法，因为按照这个逻辑，数字会在内存中紧密地排列。假设程序中有 5 个数字：a、b、c、d 和 e，它们都根据大小紧密地排列着，一旦 a 变化了，要更大的空间，b、c、d 和 e 就都需要调整位置。而调整位置是需要计算机进行操作的，后面的数字不会自动地向后移，这个过程太浪费时间了。

a	b	c	d	e

瑞说："所以不能让数字紧密地排列在一起。"

我们可以事先计划好每个数字最大和最小可能占用的空间，提前为其分配空间大小。每个数字在它所分配的空间中进行变化，就不会影响其他的数字，这样就能够解决这个问题。

但是这个解决方案对于程序员来说挑战太大了，因为很多程序在运行的过程中，你很难知道它将变成多大的一个数。C 语言虽然没有提供十分精确的空间范围，但是提供了比其他编程语言更多的范围选择。学会聪明地选择数字大小的范围是高水平程序员的能力之一。

瑞问：**"数字大小的范围和数据类型又有什么关系？"**

数据类型定义了两件事情：其一，这个类型数据的大小范围；其二，这是个什么样的东西，是整数、小数还是字符。所以，即便是整数，也会有不同大小范围的数据类型。

在前面的程序中，我们知道不能将字符和数字混合在一起，整数和小数的运算规则也不一样。

3.3　给内存地址起个名字

瑞问：**"数字还是字符，不是用"区分的吗？"**

到目前为止，本书程序中出现的都是具体数字，所以，我们很容易判断出是整数、小数，还是字符。为了实现更复杂的运算，编程语言提供了一个重要的语法，那就是变量。变量可以在程序运行的过程中变化数值。

瑞说：**"变量就是变化的量。"**

变量的思想来自代数，用一个字母临时代替数字，在计算的过程中把结果放到这个字母中。程序为了更加灵活，允许用一个单词作为变量。

从本质上来讲，变量是内存中一个具体的地方。内存既可以存储数值，也可以取出之前所存的数值。内存的容量很大，使用时需要确定具体数值存储的位置，以便以后可以在这个位置上找到之前存储的数值。为了有效地管理存储位置，内存为每个存储单位都编上了号。这个编号，我们称之为内存地址。内存地址是一大串连续的数字，记住这些数字对于程序员来讲是非常困难的，所以 C 语言提供了一个功能，可让你自己定义一个名字，代表那个难懂的内存地址。

瑞说：**"所以，变量就是给一个内存地址起了个名字。"**

还记得我前面说的，我们得告诉计算机，我需要预定多大的空间，存储可能的数值，于是在使用变量前，我们会先写上一行对变量的声明。

```
int a ;
```

瑞问："int 以前没见过，这是个什么？"

这句话意味着我申请了内存的一个地方，给这个地方命名为 a，给这个变量 a 准备 int 的大小。内存的每个地方都有内存地址，这个内存地址永恒不变，只不过它现在又多了一个名字，那就是 a。运行时系统会分配一个空闲的地址给这个叫 a 的变量。分配内存地址，是有具体规则的。

这是个聪明的设计，用变量代替了内存地址分配的具体操作，程序员不需要关心细节。这个思想在计算机科学中随处可见。如果是你来设计，那么是否会有更好的方法，或运用这个思想设计其他的语法？

3.4　计算机认识整数

瑞问："还没说 int 呢。"

int 就是整数的意思，我们重点关心 int 在计算机中的大小范围，它是能够存储−2147483648 到 2147483647 的数字，看上去这是一个非常大的范围，所以在不严格要求内存管理的情况下，int 很常用。

瑞说："这个范围已经不小了，大部分情况下应该是够用的了。"

但是我给的这个范围并不一定真的对，我一直强调，C 语言是真正高手才会使用的编程语言。你需要根据情况进行更精确的设置，有的计算机是 64 位的，有的是 32 位的，之前还有 16 位的，这指的是计算机一次能处理的最基本的数据长度。

瑞说："所以在不同的计算机上，64 位的数字范围和 32 位不同。"

int 定义的是多少个这样最基本的数据长度，换句话说，在不同位数的计算机上，int 的范围是有差别的。

瑞问："变量 a 中能装小数吗？"

不能，int 不仅定义了这个变量的大小范围，还定义了存储规则。int 意味着只能存储整数。在计算机里存储小数是非常复杂的事情，因为内存设计的时候没有设计如何存储小数点，所以使用小数需要一个复杂的转变过程。为了让计算机知道这个数字需要按照小数规则进行存储，C 语言提供了另外一个数据类型。

瑞问："现在我好奇，用'int a ;'声明了变量 a，我没有存任何数据在其中，那 a 里面有什么？"

探索：可以用程序试一下，声明变量后立刻显示其中的值。

代码 3-1

```
#include <iostream>
using namespace std ;
int main(){
    int a ;
    cout << a << endl ;
}
```

瑞说："我这里显示的结果是 0。"

你得到的结果是 0，这和预想的一样，声明了个变量，什么都没存，那么 a 中默认存储的是 0，也有人得到的结果不是 0。

思考：计算机的内存是用不同的电压来表示数据的。在你的程序运行之前，如果内存里已经有其他程序遗留下来的数据，那么，这些数据对于你的程序，是没有用的，要将它们对应的电压变成零。而这是需要计算机付出时间的。现在如果程序员声明了一个变量，并且没有告诉 C 语言这个变量里应该存储什么数。一旦 C 语言自作主张，把它变成 0，就浪费了时间，而早年的 C 语言发明者不希望浪费一点点时间。

瑞说：**"因为那个时候计算机运行得慢，程序员不舍得浪费时间。"**

所以 C 语言的规则是，经过声明而没有装入任何数据的变量的数到底是什么，是不确定的。虽然这个规则合情合理，但是有很多学艺不精的程序员写程序时就"栽"在这件事情上。因为声明了变量后，在没有给它赋值的情况下，使用 a 里的数，给程序带来意想不到的结果。为了防止编程菜鸟犯这样的错误，同时也是因为现在的计算机运行的速度已经很快了，所消耗的运行时间，早就没那么重要，因此，有一些编译器，会默认为未赋值的变量赋初值为 0。然而好的程序员会确保自己控制变量的数值，不会声明变量后不赋值就使用变量里的值，即便他知道默认初值是 0。

瑞说：**"明白了，我还是不要相信里面默认的数字吧。"**

3.5 变量赋值

记住，变量如果没有赋值，那么里边的数是什么就不可靠。

代码 3-2
```
#include <iostream>
using namespace std ;
int main(){
    int a ;
    a = 1 + 2 ;
    cout << a << endl ;
}
```

瑞说：**"这个程序我能猜出意思。"**

a=1+2;就是赋值语句，将 1+2 的结果，存储到变量 a 的那个空间里，因此，等于号在这里的含义是赋值。

注意：虽然这句话看上去很像是数学公式，但是需要清楚，这里的等于号和数学上的等于号在含义上是不同的。数学上的等于号指的是两边的数字是相等的，比如 a+2 = 5，而这里的等于号是指一个将等号右边存入等号左边变量的动作，因此，a+2=5 在计算机里面是不被承认的。

后边的输出语句输出 a，显示目前变量 a 中的值是什么。

代码 3-3

```cpp
#include <iostream>
using namespace std ;
int main(){
    int a = 1;
    a = a + 2 ;
    cout << a << endl ;
}
```

瑞说："等号左右都有变量。"

我们沿着程序的顺序来看，int a=1;是常见的写法，意思是：在声明变量的同时就给它赋值了 1。因为是初始声明变量这个时间点的赋值，所以我们也称之为赋初值。a=a+2;，在理解赋值操作的时候，我们的原则是先看等号的右边，右边的第 1 个数是 a。对于在等号右边的变量，我们关心的是，其中的值是什么？a 现在的值是 1，所以等号右边就变成了 1+2，结果是 3，然后结果 3 被存入 a 这个变量中。体会一下，虽然等号左右是同一个变量，但其实我们关注的点是不同的。等号右边关注的是变量里面的值，而等号左边则关注存储的位置。

第4章
只认识0和1的计算机

计算机就是以二进制为基础的，在计算机中只有 0 和 1 这两个数。这么说你一定不理解，因为我们已经习惯了十进制，如果计算机能够支持十进制那就再完美不过了。事实上，计算机是无法直接实现十进制的，人们不得已才使用二进制，结果发现二进制不但完全没问题，而且有很多优势。历史上有个天才叫作莱布尼兹，他认为二进制才是最完美的数字形式。下面我们来讨论一下二进制。

4.1　内存地址长啥样

我一直在强调变量，就是给内存的一个地方起的名字，而那个地方原本有自己的地址，内存中的地址是一个编号，这个编号是一个数字，在 C 语言允许我们将内存地址显示出来。

```
代码 4-1
#include <iostream>
using namespace std ;
int main(){
    int a ;
    cout << &a << endl ;
}
```

显示结果如图 4-1 所示。

图 4-1　代码 4-1 的显示结果

瑞说："这也不是数字呀！"

在变量名字前面加&，就得到了这个变量的内存地址。

思考：一个数字，而不是变量，有内存地址吗？

或许你显示的跟我的不一样，这不重要，计算机会根据当前情况来决定分配

什么位置给你。内存地址不是一个数字吗？怎么显示的是一串英文和数字？没错，这就是计算机里的一个数字，我们来研究一下为什么会有包含字母的数字。

4.2 计算机只有两个手指头

人类习惯使用的数字是十进制的。用阿拉伯数字来表示，所有的数都是由 "0~9" 这 10 个数字符号组合出来的。这或许跟人有 10 个手指头有关，我想，如果人天生是 14 个手指头，那么，我们就会使用十四进制的数字。

最早发明计算机的时候，科学家曾经努力，在计算机里存储十进制的数字。我们知道计算机是靠电来驱动的，如果要区分出来 10 个不同的数，在计算机中就需要用 10 个不同的电压来表示。假设零就是 0 伏，没有电压，1 就是 1 伏，2 就是 2 伏，以此类推。结果这个设想在实现的过程中出现了问题。因为为了存储这些电荷，用了一个叫作电容的装置。

电容有一个问题，就是它存储电荷的时候，随着时间的推移，会缓慢地把电释放到空气中，我们没法得到一个纯粹的 1 伏或者是 2 伏。也就是说，如果我在电容中存了一个 2 伏的电压，经过一段时间，它就会变成 1.5 伏，那么，1.5 伏到底算成 1 还是算成 2？

为了解决这个问题，科学家只好将数字所对应的电压之间的间距拉大，0 依然是 0 伏，1 定义为 5 伏，那 2 就是 10 伏，这样 5 伏衰减到 2.5 伏就比较困难了。但是新的问题又来了，按照这个规则，9 是 45 伏，电容没法承受这么高的电压，而且太高的电压存储在电容里，电压会衰减得非常快，这是早期计算机设计的一个大的难题。

经过一番努力，计算机科学家发现真的没有办法存储 10 个不同的数字，计算机设计陷入困境。那么存 5 个不同的数字是不是会好一点？这样最大的电压就不用那么高了，可是用 5 个不同的数字来描述十进制，这需要每次在运算的时候，进行进制的转换，因为十进制的 5 在五进制中就要进位了，5 这个数用五进制写出来就是 10。进行这样的转换虽然很麻烦，但也不是不可实现的任务。又是冯·诺伊曼，听说可以转换，便得寸进尺，既然这样，干脆建议使用二进制好了，只需表达两个数 0 和 1。这样就可以设计成，0 就是 0 伏，1 就是 5 伏，电容的设计也比较简单。这是冯·诺伊曼的又一项重要贡献，计算机的设计简单了很多，发展到大规模集成电路时代就意味着我们可以集成更多的元件，但本质上依然是电容。

探索：我不去讲深入的物理知识，如果你有兴趣就到网上查一下，关于电压和电容的知识。

瑞说："冯·诺伊曼这么牛！"

你可以去了解一下冯·诺伊曼，他的贡献远不止这些。

其实在生活中也有其他进制，比如一年是 12 个月，这就是十二进制。一天有 24 小时，原本在中国用的不是 24 小时，是一天有 12 个时辰，后来西方的 24 小时传入中国，所以中国人将一天分成 24，叫作小时辰，简称小时。用十二进制的原因是古代的人发现月亮在经历春夏秋冬整个周期会圆缺 12 次。冯·诺伊曼只是确定了计算机用二进制。二进制其实是很早之前有个叫莱布尼茨的数学家发明的。

现在，计算机的内存中存储的只有 0 和 1，CPU 进行运算的时候，也只是针对 0 和 1 运算，二进制成为计算机科学的基础。

注意：我再次强调，在计算机中只有 0 和 1。你在屏幕上所看到的一切，都是背后有程序进行转换显示给你的。所有的图像、符号、文字，一切的一切，在计算机里存储的时候都是 0 和 1。

在计算机中，数据最小的存储单元就是一个电容。一个电容能够存储二进制的一位 0 或 1。它有一个名字叫比特（bit），称之为位。

瑞说："一个 bit 也太小了，只能表示两个数。"

所以，人们把 8 个 bit 组合在一起叫一字节（byte），在程序中也用 B 来表示。

瑞问："为什么将 8 个组合在一起，而不是将 10 个组合在一起？"

这个问题的背后依然是十进制的思维。我们买东西的时候会说：要不凑个整数吧，这个整数是 10 块钱或 100 块钱，因为它恰好是十进制的一个进位。我们能理解二进制的进位是 2，但是 2 太小了，4 也太小了，所以在二进制的世界里，8 就是二进制的一个合适的整数。

在计算机内部传输或者计算数据时，不会一个 bit 一个 bit 地操作，这太慢了，通常会一组一组，也就是我们常说的计算机是 64 位的，还是 32 位的。

瑞说："64 位就是一次传输或计算 64 位二进制数。"

事实上，在早期计算机经历过 4 位、8 位、16 位，这个位数就是 CPU 能够一次性运算数字的位数，你发现没有？它们都是 2 的几次幂。存储容量是一个庞大的数字。

1 字节：1B=8bit

1KB=1024B   读成 K

1MB=1024KB   读成兆

1GB=1024MB   读成 G

1TB=1024GB   读成 T

它们的进制是 1024，因为 1024 是 2 的 10 次幂。现在能够理解我们的手机，如果是 128GB 的存储容量，它大约有多大，有一些硬盘的容量会达到 1TB，一张照片的大小是几 MB。

瑞说：“所以手机的 8GB+128GB 是个很大的数。”

探索：你可以留意一下，比如一个电影在计算机里会有多大，通常在文件的信息里就会有这个数字。

用 0 和 1 怎么数数？其实和十进制是一样的，我们可以认为，就像人有 10个手指头一样，计算机只有两个手指头，因此计算机更习惯二进制。十进制只意味着当你数到 10 的时候，你需要向前进一位，所以二进制数 0、1、10、11、100、101…对应的十进制数字就是 0、1、2、3、4、5…。

4.3　在二进制和十进制之间穿梭

瑞说：“我还是更习惯十进制。”

这很正常，毕竟这是我们的惯常思维。只要我们能够快速地将一个十进制的数转成二进制的数，再把二进制的数转成十进制的数，就没问题。

瑞问：“有什么便捷的转换方式吗？”

我们先用笨办法感受一下，然后看看能否找到规律。现在用二进制的规则数到 3——1、10、11——1 后面是 10，说明 1 后面就进位了，二进制数 11 就是十进制数 3。

探索：数一下，十进制数 5 的二进制数是多少，如果是 8 呢？

不知道你是否能够发现规律？二进制的每位实际上是一个 2 的倍数。

瑞说："所以如果不到 2 就剩下来。"

没错，我们会用除二取余法，就是将十进制数除以 2，余数就是二进制的一位数，比如我们要将 25 转成二进制。

$$
\begin{array}{r|r|l}
2 & 25 & 1 \\
2 & 12 & 0 \\
2 & 6 & 0 \\
2 & 3 & 1 \\
& & 1 \\
\end{array}
$$

余数

将余数从下向上写下来，25 的二进制数就是 11001。

探索：现在随便找 10 个十进制的数，用这种方法转成二进制的数，多算几个就会得心应手。

瑞问："二进制数如何转成十进制数？"

二进制的每位对应的一个数字，这个数字就是 2 的相应位数的幂，只需将二进制数字上的 1 对应的那一位数字加起来就是十进制数字，比如下表所列的二进制数 11001 可以这么展开。

0	0	0	1	1	0	0	1
128	64	32	16	8	4	2	1

二进制数 11001 转成十进制数为 16+8+1 = 25。

思考：算多了，你会找到窍门，每位对应的十进制数字，可以把它看成二进制的整数，总之，还需要你多加练习和消化。

瑞说："二进制运算还挺有意思的。"

关于二进制，远不止这些内容，不着急，我们还会继续讨论二进制的话题。

4.4　不是只有二进制

对于人，最自然的进制是十进制。人直接去看二进制的数字，不仅会一点感觉都没有，而且这些数字位数太多记住很麻烦。但对于计算机，最自然的进制是二进制。计算机去看人类的十进制，也有一个麻烦的转换过程。

因此，计算机科学家又提出八进制，8 是 2 的幂，二进制转成八进制是比较方便的，人相对也好记。但对于计算机的存储空间而言，八进制稍微显得有点麻烦，于是又发明了十六进制，十六进制的数字构成是 0123456789abcdef。

瑞说："原来显示出来的内存地址是十六进制的数，有字母、有数字。"

瑞问："还有个问题，就是给你个数字，你怎么知道它是一个什么进制的？"

八进制的数很容易被误认为是十进制数，八进制里不会有 8 和 9，因为到 8 就进位了，有些十进制数里面也没有 8 和 9。而十六进制数如果恰好数字里没有字母，那也有可能会被误认为是十进制数。

C 语言规定，凡是十六进制数的前面会加上 0x，八进制的数字开头会有一个 0。如果是十进制数，就会正常显示。

瑞说："所以显示变量 a 的内存地址 0x6ffe1c，前面有个 0x。"

C 语言可以自动地在十进制、十六进制和八进制之间转换，这也是 printf 强大的地方。

代码 4-2

```
#include <stdio.h>
int main() {
    int a = 123 ;
    printf("十进制数:%d\n十六进制数:%x\n八进制数:%o" , a , a , a) ;
}
```

显示结果如图 4-2 所示。

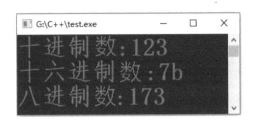

图 4-2　代码 4-2 的显示结果

很清楚，%d 用十进制输出，%x 用十六进制输出，%o 用八进制输出，我们可以看到：十进制数 123 的十六进制数输出是 7b。

探索：用十六进制数 7b 给变量 a 赋初值，还记得十六进制的规则吗？

代码 4-3
```
#include <stdio.h>
int main() {
    int a = 0x7b ;
    printf("十进制数:%d\n十六进制数:%x\n八进制数:%o" , a , a , a) ;
}
```

探索：你自己再试试用八进制数赋初值吧。

注意：C 语言并没有提供二进制数的输出方法，如果真的想把一个数转成二进制数输出，那么需要更高超的编程技巧。

内存地址和进制是很多伟大的计算机科学家研究的共同成果，不是 C 语言的贡献，C 语言是建立在这些基础知识上的。

第 5 章

终于能够输入了

有了存储能力，我们终于可以接收用户输入了，这对于读这本书已经读到现在的你，没有什么难度。

5.1　能保存，才能输入

我们学习了如何输出，没有立刻讲如何接受输入，是因为如果没有变量，用户输入的数就无处存储。

瑞说："需要用变量来存储输入的数。"

用 C 语言的方法接受输入。

代码 5-1

```
#include <stdio.h>
int main() {
    int a ;
    scanf("%d" , &a) ;
    printf("你输入的数字是%d , a) ;
}
```

scanf("%d",&a);就是接受输入的语句，%d 和 printf 里的%d 含义相同，后边跟随的 a 是用于存储用户输入的变量。

瑞问："怎么 a 前面还有个&？"

还记得前面讲过&的含义，它是求 a 这个变量的内存地址。很多人会时常忘记加这个符号，但是，&是必须加的，否则会出现错误。

瑞问："如果要多输几个数字，那要怎么做？"

代码 5-2

```
#include <stdio.h>
int main() {
    int a , b;
    scanf("%d%d" , &a , &b) ;
```

```
    printf("%d+%d=%d\n" , a , b , a+b) ;
}
```

用逗号,可连续地定义多个变量。scanf 里也可以有多个%d,仔细地检查定义的变量数量是否跟%d 的数量一致。

探索:你可以尝试一下,如果%d 的数量和变量的数量不一致,那会怎么样?

程序也可以运行,但结果不是我们想要的。

思考:这样的错误,比语法错误让程序根本无法运行,还要可怕。因为这类错误,编译器辨认不出,没有任何提示。

最后,你可以看到,我在输出的语句中用了三个%d,接收多个数字输入。在运行的时候,输入的数字之间需要用空格或回车键分隔。

探索:现在把这个程序实现出来,体会一下中间的每个细节吧。

瑞问:"scanf 的字符串中可以有其他文字吗?"

探索:试着加入其他文字,看看效果。

瑞说:"没什么效果,加入的文字没用。"

我们在学习编程的过程中,对于很多的疑问,编写程序试一下,就明白了。

5.2　C++的输入

就上面的这个程序,我用 C++语言再实现一遍:

代码 5-3

```
#include <iostream>
using namespace std ;
int main() {
    int a , b;
    cin >> a >> b ;
    cout << a << "+" << b << "=" << a+b << endl ;
}
```

瑞说："还是 C++的代码看着舒服。"

其实两种方法各有优缺点，我建议在学习的前期，两种方法都要掌握：一来你可以体会它们的差异；二来能看懂别人所写的程序，不管他会用哪种语言。

探索：下面出这样一道题，输入三个数，算出这三个数的和，需要在输入前显示提示语，如图 5-1 所示。

请输入第 1 个数：12
请输入第 2 个数：23
请输入第 3 个数：34
12+23+34=69

图 5-1　输入三个数

强烈建议，努力尝试写程序实现这个任务，不管是否能够成功，再向下看后面的答案。这本书其他的任务也建议尽可能这样做。

你已经知道，scanf 中第一个" "中的内容不会被显示出来，所以为了显示提示信息，不得不在 scanf 前，用 printf 输出提示信息。

代码 5-4

```
//C语言的实现
#include <stdio.h>
int main() {
    int a , b , c ;
    printf("请输入第 1 个数字:") ;
    scanf("%d" , &a) ;
    printf("请输入第 2 个数字:") ;
    scanf("%d" , &b) ;
```

```
    printf("请输入第 3 个数字:") ;
    scanf("%d" , &c) ;
    printf("%d+%d+%d=%d" , a , b , c , a+b+c) ;
}
//C++语言的实现
#include<iostream>
using namespace std ;
int main() {
    int a , b , c ;
    cout << "请输入第 1 个数字: " ;
    cin >> a ;
    cout << "请输入第 2 个数字: " ;
    cin >> b ;
    cout << "请输入第 3 个数字: " ;
    cin >> c ;
    cout << a << "+" << b << "+" << c << "=" << a+b+c ;
}
```

编写程序的时候，需要注意编程这件事情非常的严谨，比如，如果把"请输入第 1 个数字："写成"请输入第 1 个数字:"，那么就是错误的。忘记写冒号，是错误的，冒号是英文半角符号也是错误的。虽然程序能够运行，但是结果不同，更是错误。大家要努力养成好的编程习惯。

5.3　计数器

我们注意到，在提示信息中有 1、2、3 的数字变化，更加聪明的做法是，用程序自动生成这个数字。为了实现这样的效果，我们需要一个新的变量来记录数字的增加，将程序修改如下：

代码 5-5
```
#include <stdio.h>
int main() {
    int a , b , c , n = 1 ;
    printf("请输入第%d个数字: ",n) ;
    scanf("%d" , &a) ;
    n = n + 1 ;
    printf("请输入第%d个数字: ",n) ;
    scanf("%d" , &b) ;
    n = n + 1 ;
```

```
    printf("请输入第%d个数字：",n) ;
    scanf("%d" , &c) ;
    printf("%d+%d+%d=%d" , a , b , c , a+b+c) ;
}
```

虽然这样修改看上去更加麻烦了，但你是否发现：

```
n = n + 1 ;
    printf("请输入第%d个数字:",n) ;
```

这两句话完全一样地重复了很多次，可以复制粘贴，不用一遍遍地重新输入。

瑞问："为什么只有变量 n 在声明的时候赋了初值 1？"

n 和 a、b、c 不同。a、b、c 在这个程序中，可以确保在取值之前会被赋值。n 只有初始化才有值可取。

n＝n＋1；每次将 n 的值取出来，加上 1 再存到 n 中，这就实现了一个计数器的功能。因为在程序中这样的操作会被频繁地用到，所以 C 语言提供了一个简化的写法：n++或是++n。到目前为止，这两个写法功能相同，都是 n=n+1 的效果。事实上，在复杂的情况下，这两个写法有差别，我们先不用理会。同理还有 n-- 和--n。

探索：结合之前所学，现在完成一个任务，从键盘上接收一个数，然后输出它的十进制数、十六进制数和八进制数。

第 6 章

多种多样的数据类型

计算机需要处理整数、小数和字符，这个不难理解，大家认可 C 语言的强大，有一个重要的原因是 C 语言支持强大的数据类型，"强大"意味着在这三种基本类型的基础上还会有更加丰富的划分。为什么需要支持更多的数据类型？这和人们需要努力节省内存空间有关。但是支持很多数据类型也有缺点，使用起来会麻烦，因而后续的编程语言对于数据类型的定义有些改变。这主要基于发明者的思想和平衡。我想，在数据类型的定义上，不可避免地会产生一些争议，如果你有你自己的理解，那么这将是非常宝贵的。

6.1 整数类型的基础知识

到目前为止，我们知道的数据类型是 int 整数类型，也知道 int 的大小范围，对二进制和内存也有了一些理解。在 C 语言中，int 占 4 字节（byte），也就是 32 位（bit），所以根据现在掌握的知识，我们自己能够计算出 int 的大小范围，要注意这个范围是以 0 为中心，负数一半、正数一半。

瑞问："我们怎么能够知道 int 占 4 字节呢？"

C 语言的数据类型范围和计算机有关，所以 C 语言提供了一个手段，让我们用程序来自动检测数据类型的大小 sizeof(数据类型)。比如，以下检测 int 类型大小的程序。

代码 6-1

```
#include <stdio.h>
int main() {
    printf("%d" ,sizeof(int)) ;
}
```

这个程序得到的结果是 4，即 4 字节。

6.2　字符类型

除 int 外，我们知道还有一种数据类型。

瑞说："字符串。"

不！在 C 语言中没有字符串这种数据类型，有一个数据类型叫字符（char），字符串事实上是由一大堆字符构成的。

瑞说："所以，C 语言会定义最基本的东西，程序员再在这个基础上发挥就行。"

代码 6-2

```
#include <stdio.h>
int main() {
    char c ;
    scanf("%c" , &c) ;
    printf("你输入的字是: %c" ,c) ;
}
```

字符类型的变量里只能存储一个字符，无论是输入还是输出，代表它的都是%c。

瑞说："%d 是整数，%c 是字符。"

6.3　ASCII 编码

我说过，在计算机内存里只能存储 0 和 1，所以计算机里并不能存储字符，我们在屏幕上能看到的字符都是用点阵画出来的。

瑞问："计算机怎么画？"

这些显示的点阵存储在计算机里面的字体文件中。每个字的点阵都有编号，计算机中存储的是字体的编号，只有在显示的时候才会将对应的字体点阵从字体文件里找出来，显示到屏幕上，所以，char 类型变量里存储的就是字体的编号。

我们在一台计算机上，编辑了一个文件，放到其他计算机上，仍然能够正确地显示出正确的文字。这是因为在不同的计算机上，字体文件遵守着共同的编码标准。

瑞说："所以显示时换个字体，文件本身并没有变化，只是显示的样子变了。"

在计算机发展的早期，建立字符编号的标准并不顺利，因为每个公司都希望大家遵守自己定义的标准，所以当时在很长一段时间内有很多的字体标准。也曾因为字体编码标准不统一而在计算机世界里产生了不小的混乱。

好在 ASCII 编码最终获胜。一方面制定这个标准的是标准化组织，而不是某家公司；另一方面 ASCII 编码确实优秀，ASCII 编码用 1 字节定义了 128 个字符、数字和符号的编码。ASCII 码在设计上让从 0 到 9、从 a 到 z、从 A 到 Z 均是连续的，比如 a 对应的编码是 97，那么 b 就是 98。这就带来一个好处，我们用程序来判断输入的是数字还是小写字母，抑或是大写字母，就非常容易。

瑞说："难道不应该是这样的吗？"

在编码纷争的时代，一些编码还真不是这样的，这也是那些编码方案没落的原因。

当然，ASCII 编码也有局限，只考虑了英文世界的编码，所以早期的计算机是没有能力处理中文的。给中文编码比给英文编码要复杂太多了，因为汉字的数量是非常庞大的，如果将所有的汉字都收录到计算机里，那么可能需要 10 多万个编码。

瑞说："所以，汉语是世界上最难的语言。"

早期，计算机的内存太小了，收录所有汉字，是不现实的。在通常情况下，这也是没有意义的，因为常用的汉字并没有那么多，所以中国自己提出来汉字编码标准，即 GB 2312，它只收录了最常用的 6763 个汉字。这就是有的人起名字，用到了很生僻的字，在公安局的系统里没有办法录入的原因。因为这个生僻字超出了这个范围。为了能够容纳这么多数量的汉字，因此汉字编码是 2 字节。

瑞说："英文字符占 1 字节就够了。"

探索：用 sizeof 检测一下 char 占了几字节。

GB 2312 同时兼容 ASCII 码，也就是说，ASCII 码定义好的那些编码和 GB 2312 是相同的，比如，ASCII 码中 a 的编号是 97，GB 2312 中 a 的编号也是 97。

后来，随着计算机技术的发展，内存越来越大，加上也确实有需求，因此又推出来了其他的汉字编码方案，比如 GBK，支持了 2 万多个汉字，同样也兼容了 GB 2312。国际上也定义了 Unicode 编码，支持世界上很多国家的语言文字。

瑞说："所以，现在生僻的字也能输入计算机中了。"

字符变量的赋值 char c = 'a' ;中字符的值使用的是单引号，字符串是双引号，单引号中只能有一个字符。事实上即便赋值时写上多个字符'abc'，程序也能运行，但是多余的字符会被忽略掉，只有'a'被赋值到变量中。

瑞说："我记得字符串可以什么都没有。"

再次强调，字符在计算机里就是一个数字，你甚至可以对字符变量进行加减乘除，只不过计算的是字符的 ASCII 码。

```
代码 6-3
#include <stdio.h>
int main() {
    char c = 'a' ;
    printf("%d" ,c) ;
}
```

瑞说："没看出有什么特别之处。"

用这个程序，我们便得到了 a 字符的 ASCII 码。这里用了一个非常巧妙的做法，虽然 c 变量是个字符类型，但是在显示的时候，使用了%d 来显示。你知道%d是专门用来显示整数的，考虑到字符本身就是数字，因此，对于这个操作，C 语言编译器是能够接受的，并且它会将对应的 ASCII 编码显示出来，程序运行的结果是 97，没错，97 就是 a 的 ASCII 码。

瑞说："前面显示八进制数和十六进制数应该也是这个原理。"

探索：用这种方法你去试一下 0、A 和空格的 ASCII 码是多少？

6.4　小数类型

来看一个程序：

```
代码 6-4
#include <stdio.h>
int main() {
    printf("%d" ,10/3) ;
}
```

瑞说："我知道，结果是 3，因为整数除以整数的结果只能是整数。"

这里我们就需要一个小数的数据类型——float，用小数类型 float 写一个基本的程序，看一下如何声明变量，并且显示结果如图 6-1 所示。

```
代码 6-5
#include <stdio.h>
int main() {
    float f = 3.1415926 ;
    printf("%f" ,f) ;
}
```

图 6-1　代码 6-5 的显示结果

我们发现显示的是 3.141593，只显示了 6 位小数，最后的数字进行了四舍五入，看起来 float 变量小数位长度是有限度的。

瑞问："小数部分有限制，整数部分有限制吗？"

探索：将数字改成了 3456789.1415926，按照我的思路，你先做一下尝试。

瑞说："结果是 3456789.250000，这下子我有点懵了，小数部分完全不对，改成 34.1415926，看看结果，我还是没法理解。"

%f 还有一个做法 printf("%.4f", f);，%.4f 指的是显示一个小数，保留小数点后四位。反复尝试后发现，如果整数部分只有 1 位，小数部分显示 6 位以内，都算正常，所以%.4f 的限定只是影响了显示效果，对于 float 本身，你得出了什么结论？

瑞说："float 好像不太靠谱。"

是的，float 并不精确。

探索：我们写程序检测一下，float 用了多少字节？

代码 6-6

```
#include <stdio.h>
int main() {
    printf("%d" ,sizeof(float)) ;
}
```

结果是 4，也就是说，它也占用 32 位，占用的内存空间和 int 是一样大的，因为 float 还要兼顾小数部分，所以它能容纳的数据范围一定没有 int 大。

思考：我们来讨论一下 float 这个数据类型。float 这个单词翻译成中文叫浮点数，从字面上理解就是，小数点是浮动的。要知道计算机里是没有办法存小数点的，因为只能存储 0 或 1，如何表示小数就成了一个问题。

瑞说："那就规定好小数点就在数字的中间。"

这就是定点数的方案。既然 float 是 32 位，那么就约定好，在第 16 位的地方是小数点的位置。这么做有一个好处，就是运算速度比较快。因为小数在做运算时，需要以小数点来对齐两个数。如果小数点的位置被固定下来，那么，计算机在运算的时候就不需要进行对齐操作。

瑞说："对！除了考虑存储，还要考虑运算。"

但这么做的缺点也很明显：如果一个数的整数部分很大，小数部分位数很少，或是整数部分很小，小数部分位数很多，那么定点数就无法存储，整数部分还空闲了很多空间，而小数部分装不下了。

从定点小数的这个思想来看，其实整数是一种特殊的小数，小数点在最后。

瑞说："这样的话，内存利用率就不高。"

这个弱点也太明显了，所以自然而然地，人们提出了浮点数的概念，就是小数点的位置不确定。32 位的一个数，有一部分来存储数字，另外一部分来存储小数点的位置，这么做很像是科学计数法，如果你没有听说过科学计数法，就别理这个词了，你知道数字中有一部分用来存储小数点的位置就好了。

瑞说：“这个方案能理解。”

这个方案更好地利用了存储空间，相反，它的弱点是：因为小数点的位置不固定，在运算的时候，就得对小数点进行对齐操作，所以浮点数的运算比整数的运算要慢多了。

随着图形化应用得越来越普及，游戏也越做越精美，计算机对于小数运算的需求越来越大。如果在游戏中，图案都只能用整数来表示，那我们就看不到非常平滑的效果，游戏中的灰尘和光晕，会变成很粗糙的颗粒。为了能够让游戏画面精美并且流畅，我们需要大幅度提高小数的运算能力，或者说是提高浮点数的运算能力。

瑞说：“也就是说，有更好的方案来处理小数。”

程序本身是没有更好的方案了，这时程序员希望有更快的硬件来支持。

瑞说：“哈！程序员在程序上实在没办法了，就只能去买更强大的硬件。”

买一块特别强大的显卡是解决方案。现在有很多显卡价格甚至超过了 CPU，是因为显卡上装了一块专门进行浮点运算的处理器，听说挖比特币的计算机上，会安装很多块非常强大的显卡，其实就是为了利用显卡上的浮点运算处理器。

瑞问：“还有 float 不精确，这个问题该怎么解决呢？”

其实这个事儿怪不得 float，因为它在 32 位的二进制情况下，还要分出来一部分去存储小数点的位置，所以它的存储能力下降了，数字就会不精确。C 语言为此提供了另外一个小数的数据类型——double。我想，你现在有能力写程序测试一下 double 占用几字节。不过，使用 double，如果超出一定的范围，则它依然是不精确的。

6.5　整数类型还没完

我讲过，C 语言提供了更多的手段，来控制一次申请内存空间的大小。这主要体现在整数上，因为字符类型的长度是确定的，小数的类型就只有 float（单精度）和 double（双精度）这两个，在写程序的时候，整数类型用得比较多。

我们学过 int 型既能表示负数，也能表示正数。那对于一些我们绝对不会用到负数的场合，就有一个选择，那就是无符号数 unsigned，也就是只表示正数。这是个前缀，它可以加到其他数据类型之前表示没有负数，比如 unsigned int 只存储正整数，整数的数字范围自然就大了一倍。

另外，C 语言还提供了 short、long 和 long long3 种整数类型。你现在写程序分别检测一下它们所占用的字节数，就知道它们的范围会有多大。表 6-1 列举了各种数据类型的格式化显示符号。

表 6-1　数据类型的格式化显示符号

整数		小数	
short、unsigned short	%hd、%hu	float	%f
int、unsigned int	%d、%u	double	%lf
long、unsigned long	%ld、%lu	字符	
long long、unsigned long long	%lld、%llu	char	%c

瑞问："如果数字很大，long long 也装不下，怎么办？"

C 语言本身没办法了，需要写程序处理这个问题，这个程序的思路也很简单，就是用两个数保存。但是运算时要自己处理进位问题。这个程序超出了你现在的能力，再学一段时间我们再考虑，这个问题叫作高精度运算。

　　现在应该理解 C 语言数据类型的思路了。思考一下，是否需要提供更多的数据类型？事实上，后来出现的编程语言在数据类型的设计上和 C 语言不完全一致，有些编程语言减少了数据类型，或者去掉变量声明的环节，根据使用情况自动分配变量。这样做，虽然会降低编程语言驾驭内存的能力，但好处是，对于初学者，学习难度降低了。因此，不同的设计思想会产生不同的语言设计。

第 7 章

高级运算能力

我们已经了解了 C 语言进行数学运算的语法，但是这还远远不够。在计算机硬件的限制下，有很多的运算要求需要额外处理。我们来看几个经典的运算场景，也体会一下 C 语言的设计思想。

7.1　数学运算符的运用

我们知道，用除法的时候，整数除以整数，结果一定是一个整数。一旦结果中出现小数，无论小数是什么，小数点后面的部分都将被全部舍弃掉。如果要得到小数结果，则需要在运算前，将某一个数变成浮点数。

探索：尝试一下，用%f 接收 10/3，得到的结果将是 3.333333，这是浮点数规则决定的。

为了解决这个问题，我们必须确保算出的结果就是一个浮点数。10/3.0 这个做法很聪明，虽然表面看上去 3 和 3.0 没什么区别，但是在内存中的存储模式就完全不同。计算时，两个数中只要有一个是浮点数，就会用浮点数的规则，结果也会是浮点数。但这种做法是有局限的，如果计算的两个数是变量，那怎么办？

代码 7-1

```
#include <stdio.h>
int main() {
    int a , b ;
    scanf("%d%d" , &a ,&b) ;
    printf("%f" , a/b) ;
}
```

瑞说："没法在数字后面加上.0 了。"

解决的思路是将一个变量变成 float 数据类型。

代码 7-2

```
#include <stdio.h>
int main() {
    int a , b ;
    scanf("%d%d" , &a , &b) ;
    float c = b ;
    printf("%f" , a/c) ;
}
```

float c = b ;这个操作得到了一个浮点型变量 c，并且将 b 变量中的内容赋值到 c 中。

由于变量 b 和 c 的数据类型是不同的，所以，这样的操作背后隐含了类型的转换。我们将这个现象叫作隐式数据类型转换，很多不同类型的赋值过程都存在隐式数据类型转换。

瑞问："需要这么麻烦吗？"

探索：float a = 3.25; int b = a ;中变量 b 的值应该是什么，心中有答案后，写程序验证一下。

除了隐式数据类型转换，我们还可以用显式数据类型转换来解决问题。

代码 7-3

```
#include <stdio.h>
int main() {
    int a , b ;
    scanf("%d%d" , &a , &b) ;
    printf("%f" , (float)a/b) ;
}
```

在做除法运算的前面加上(float)，强行以 float 的形式做运算。

瑞说："这样做是合理的。"

7.2 显示二进制数

现在我们再来体会一下%模运算。在程序中很多地方会用到模运算，因为 C 语言不能直接格式化显示二进制数。还记得十进制数转换二进制数的计算方法吗？通过除 2 取余，在这里%模运算就派上用场了。

代码 7-4

```
#include <stdio.h>
int main() {
    int a;
    scanf("%d" , &a ) ;
    printf("%d", a%2) ;
}
```

这个程序做了第一步运算，但是只能支持二进制的一位，如何支持更多的位呢？我们再来看看这个运算过程。

```
2 | 25      1
2 | 12      0
2 | 6       0
2 | 3       1
            1
          余数
```

思考：上一个程序相当于处理出第一个余数，第二个余数如何获得？表面看上去是除以了两个 2，那就是除以一个 4，用 25 试一下，25%4 是多少。结果不对，正确结果是 0，但是 25%4 的结果是 1。看来还是要遵守这个过程的：用 25/2 得到结果后再求 2 的余数。仔细琢磨一下，这个计算是要先除以一个结果，然后再%2。别忘了结果要从下向上显示。

探索：先努力尝试自己写出这个程序。

```
代码 7-5
#include <stdio.h>
int main() {
    int a;
    scanf("%d" , &a) ;
    printf("%d%d%d%d%d%d%d%d",a/128%2,a/64%2,a/32%2,a/16%2,a/8%2,a/4%2,
a/2%2,a%2) ;
}
```

瑞说： "这就实现了 8 位二进制的转换程序，太棒了！"

探索： 从键盘输入一个 3 位的整数，分别显示每位的数字，每位数字之间用空格来分隔。

7.3 拆解数字的每位

假设我们输入的数字是"534"，那么我们要显示的第 1 位数字 5，如何运算得到呢？还记得整数除以整数，你没有办法得到一个小数，而且将只保留整数部分，小数部分无论是什么都将全部舍弃掉，我想你应该有思路了吧？534/100 得到的就是 5。那第 2 位数 3 如何求出来呢？同样的思路 534/10，结果是什么？好的，是 53。而 53 如何运算能得到 3 呢？我们可以用 53 来求 10 的余数，534/10%10。至于最后的那位数字 4，就相当简单了吧，只需要求 10 的余数就好了，534%10。

```
代码 7-6
#include <stdio.h>
int main() {
    int num;
    scanf("%d",&num);
    printf("%d %d %d" , num/100, num/10%10, num%10);
}
```

探索： 可以再尝试一下其他位数，进行每位数字的分解。

探索：输入一个数字，将它反向输出，比如输入"5476"，输出"6745"，这是留给你的任务，我不提供程序代码了。

7.4　字符的运算

在讲字符类型时说过，字符本质上就是数字，是字符对应的 ASCII 码，所以不仅数字可以运算，字符也是可以参与运算的。因为字符应用场景的特殊性，字符运算大多数用到的是+、-，其他的运算也支持。

探索：从键盘接收一个字符，将字符变量加 1，并且显示成%c，将是什么？

代码 7-7
```
#include <stdio.h>
int main() {
    char c = 'a' ;
    printf("%c" , c+1) ;
}
```

瑞说："果然结果是'b'。"

探索：接收输入的一个小写字符，显示对应的大写字符。

代码 7-8
```
#include <stdio.h>
int main() {
    char c ;
    scanf("%c",&c) ;
    printf("%c" , c-32) ;
}
```

瑞说："大小写字母的 ASCII 码相差 32。"

7.5　赋值竟然也是运算

瑞问："什么？赋值也是运算？"

在前面学习变量的时候，我们自然而然地学习到了赋值 int a = 10;和 int a; a=10;这两句代码的结果都是，将 10 存入 a 这个变量中。

先理解一下：

```
int a , b;
a = 10;
b = a;
```

瑞说："将 10 存入 a 变量中，将 a 的内容存到 b 变量中。"

没错，最后一行的 a 是放在等号的右边，所以是取 a 变量里的内容，存入等号左边 b 变量中，这个程序运行的结果是变量 a 和 b 中的值都是 10。

探索：将上面这段完善成可执行的程序，并将 a 和 b 的值显示输出。

再来一个写法：

```
int a , b;
a = b = 10;
```

瑞说："a 和 b 都等于 10。"

这个程序片段的效果也是一样的，a 和 b 的变量中现在的值都是 10，但是你需要清楚地知道它的运行规则，只要见到等号，先看 a 后的等号右边，是 b=10，即先在 b 中存储了 10，b=10 这个操作会产生一个结果 10，进而 a 里边被放入了 10。

瑞说："我还以为=是运算有什么特别的呢？其实这样很容易理解。"

探索：同样将上面这段完善成可执行的程序，并将 a 和 b 的值显示输出。

我们在前面的内容中，遇到要不停把变量加 1 的操作 n=n+1;，其简化的写法 n++，本质上那也是一个赋值的操作。但是，n++ 和 n+1 在效果上完全不同：n++ 执行后，变量 n 中的值改变了，增加了 1，而 n+1 执行后，变量 n 中的值没有任何变化。

现在来看 n++ 和 ++n 的区别。

代码 7-9

```
#include <stdio.h>
int main() {
    int a , b , n = 10 ;
    a = n++ ;
    n = 10 ;
    b = ++n ;
    printf("a=%d,b=%d",a , b) ;
}
```

瑞说："a 是 10，b 是 11。"

思考：n++ 放在了其他的运算中，要先取出 n 的值参与运算，之后再将 n 的值加 1；++n 是先将 n 的值加 1，用加好以后的结果再参与运算。所以如果是单独的一行，没有其他的运算，那么这两个写法效果是一样的，n 的值都是加了 1。--同理。

加 1 有简化写法，加 2、加 3 呢？加 2、加 3 在编写程序的过程中，出现的频率比加 1 要小得多，但 C 语言依然提供了简化的写法：a+=2，这个语句的效果等同于 a = a+2，你应该能想到，还有 -=、*=、/=、%=。

7.6 交换两个变量的值

在编程的过程中有一个常见的需求，就是将两个变量中的值交换过来。

```
代码 7-10
#include <stdio.h>
int main() {
    int a = 10 , b = 20;
    //交换 a、b 的值
    printf("a=%d,b=%d", a, b);
}
```

瑞说："'//交换 a、b 的值'，这句话是干什么的？"

这是我在程序中第一次使用注释，//后边的内容就是注释。注释意味着程序会忽略它，它的主要作用是告诉你在这个位置上，下面代码要做的事情。

瑞说："对于计算机，注释就是没用的。"

思考：如果这么用：a=b;，那么变量 a 里原有的值 10 就会丢失。因为一个变量只能保存一个值，新的值进来了，原有的值就会丢失，其实是被覆盖了。

瑞说："看来要将 a 的值保存起来。"

为了解决这个问题，我需要一个新的变量，将可能丢失的值事先保存下来。你先尝试一下，看看自己能不能完成这个任务。

```
int t = a;
    a = b;
    b = t;
```

你一行一行地看，在这 3 行代码的执行过程中，看一下这三个变量当时的值是什么。

在第 1 行执行结束后，a 的值是 10，t 的值也是 10。

第 2 行执行后，a 的值是 20，b 的值也是 20。记得 t 现在的值是 10，虽然第 2 行执行结束后，a 原本的值 10 已经消失了，但是我在这之前已经把它保存到 t 中了。

第 3 行让 b 的值变成 t 里边的那个 10，这样就完成了 a 和 b 两个变量值的交换。

瑞说："所以 t 临时保存了变量 a 中的值。"

7.7　逗号也是运算符号

瑞问："什么？逗号是运算符号？"

在程序中，所有的操作其实都可以被认为是运算。逗号是一个运算符。我觉得逗号运算符加入 C 语言中，C 语言就有意思多了。其实，逗号运算符，我们之前用过，int a,b ;这里面的逗号就是运算。

瑞说："我觉得你一定在逗我。"

那么，我们再来看这个，a=(b=2,c=7,d=5)。

探索：现在你完善程序，分别验证一下 a、b、c、d 的值是什么，总结一下逗号运算符的规则。

你发现 a 里的值是 5，也就是说，a 的值是逗号分开的最后一个表达式的值。

探索：在上面的那条语句后面再加一行：a1=(++b, c--, d+3)，你先猜一下 a1 的值是多少，再用程序验证一下。这并不难猜，我们发现逗号分开的每个表达式都进行了运算。

探索：加一句 a2=++b, c--, d+3;再猜猜 a2 的值。

代码 7-11

```
#include <stdio.h>
int main() {
    int a, a1, a2, b, c, d;
    a = (b=2, c=7, d=5);
    a1 = (++b, c--, d+3);
    a2 = ++b, c--, d+3;
    printf("a=%d,a1=%d,a2=%d", a, a1, a2);
}
```

显示结果如图 7-1 所示。

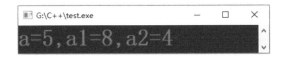

图 7-1　代码 7-11 的显示结果

我们进一步得出结论，等于号的优先级比逗号高，在没有括号的情况下，先运算 a2=++b，这句话是逗号分开的一个完整表达式，不要误解了。

探索：我们再来算一下这个程序片段中 a、b、c、d 的值。

```
a=(a=3,b=2,c=a*b);
d=a*++b;
```

不需要我公布答案了，你可以自己用程序来验证。

第8章

能够支持所有的运算，太"天才"了

事实上，计算机硬件只支持加法，在计算机中，减法、乘法、除法是用加法实现出来的。这说起来容易，具体实现也是很费一番周折的。我们来好好聊聊这些天才的设计。

8.1 负数的表示

计算机底层的存储和运算是一位一位地进行的。这是计算机运算的基础。因此，C 语言提供了位运算，让程序员在需要的情况下有能力精确地操作二进制数一位一位地进行运算。位运算是计算机中速度最快的运算，这是计算机天生的技能。

两个正的二进制数相加，在规则上和两个十进制数相加差别不大。十进制数是按位相加的，超过十就进一，如 18+15。

$$
\begin{array}{r}
18 \\
+\ 15 \\
\scriptstyle 1 \\
\hline
33
\end{array}
$$

瑞说："其实十进制数的相加也是位运算。"

现在试一下二进制数的加法，还是以 18+15 为例，18 的二进制数是 10010，15 的二进制数是 1111，同样列竖式：

$$
\begin{array}{r}
10010 \\
+\quad 1111 \\
\scriptstyle 1\ 1\ 1\ 1 \\
\hline
100001
\end{array}
$$

100001 转成十进制数就是 33。

二进制数的加法很好理解,减法却完全不同。为了简化 CPU 的结构,提高集成效率,计算机硬件并不提供减法运算,减法是通过加负数的方式来实现的。

瑞说:"在数学上加一个负数,也就是减正数。"

这个想法看上去简单,具体实现对于计算机却并不容易。计算机无法直接存储负数,内存中只有 1 或 0。如果是你来设计,那你会如何在内存中表示负数?

瑞说:"把数字的第 1 位定义成符号,0 就是正数,1 就是负数。"

这确实是个解决方案,非常轻松地就区分出正负数。我们将这样的正负数表达方式叫原码。但是,我们很快就遇到了一个问题,如果用这个方案,那应该如何用加法来实现出减法的效果?

我们举 18-15 的例子。假设内存里存的是 8 位的数,那么 18 的二进制数就是 00010010,减 15,按照刚刚讲的思路,我们就需要变成加-15,-15 的二进制数是 10001111,那么按照加法的规则计算出来将是:

$$
\begin{array}{r}
00010010 \\
+\ 10001111 \\
\hline
{\scriptstyle 1\,1\,1\,1} \\
\hline
10100001
\end{array}
$$

将结果变成十进制数,看看是什么,别忘了,第 1 位是符号位,既然是 1,那么结果是负的。

瑞说:"10100001 变成十进制数是-33,这个结果肯定不对,因为 18-15 应该等于 3。"

问题在于,我们只考虑了如何在存储的时候识别正数还是负数,并没有考虑在运算的时候,如何体现出负数的作用。

如何解决这个问题？并不简单，又是冯·诺伊曼，他想出了一个办法，用一种叫作补码的形式去存储负数。

瑞问："补码？"

在一个时钟上，假设时针指向 6，要加 2，将时针向前拨 2 个数就可以了。如果要减 2，就是向后拨 2 个数，但是现在这个时钟不能向后拨，只能向前，就得拨 10 个数。

时钟是十二进制的，10 是 -2 的反码，反码的原理是时钟能够容纳的数是有限的，6-2=4 变成了 6+10=16，在时钟上就是 4，就有了 6-2 的效果。

瑞说："进的位丢了，就产生了减的效果。"

因为最大的数是 12，所以 -2 的反码是 12-2=10。如果是十进制数，-2 的反码就是 8。

对于二进制来说，原理是一样的，作为负数，第 1 位是 1，因为这是符号位，我们将剩下的其他位全部都取反，这样就得到了反码。如果将二进制放到时钟上，最大数是 1，向后拨 1，就是 0，向后拨 0 就是 1，恰好是每位反过来的。

　　瑞说："**二进制的反码有点特别，如果用 1111111 去减原本的数得到的就是反码，这样就好理解了，比如原来的数是 0011011，1111111-0011011=1100100，恰好是每位反过来的。**"

　　太棒了，就是这样理解的。二进制补码是在反码的基础上再加 1，在前面举的例子中，没有考虑到 0 的问题，在有符号数字中 0 很特殊，0 既是正数也是负数，+0 和-0 应该是两个数。现实中 0 是一个数，所以考虑补码时要加上 1，来补偿这个问题。

　　瑞说："**0 其实是两个数。**"

　　比如-18 的原码是 10010010，反码就是 11101101，在反码的基础上加 1，得到-18 的补码，即 11101110。因此，在计算机中反码没有具体的意义，它是作为原码到补码的中间运算结果。在计算机中，我们就是用补码来代表负数的。

　　下面我们还是以 18-15 为例来运算一次，看看补码的效果，18 的二进制数是 00010010，-15 的补码二进制数是 11110001。

$$
\begin{array}{r}
00010010 \\
+\ 11110001 \\
\scriptstyle 1111 \\
\hline
100000011
\end{array}
$$

　　由于我们的存储器是 8 位的，所以最前面的那个 1 没办法保存下来，会被自动丢失，最终的数是 00000011，转成十进制数就是 3，恰好是 18-15 的结果。补码的设计巧妙地利用了存储器的最高位会被丢失的原理。

8.2 按位非运算

当你在计算机中进行数学运算时,这些背后的操作会自动进行 C 语言特别提供了最基础的按照二进制位操作的手段，允许我们展示更高级的运算技巧。

瑞说："这是高手要掌握的。"

非运算（~），就是按位取反，比如 18 的二进制数是 00010010，~18 的二进制数就是 11101101，第一个符号位是 1，取反的结果是个负数，因为负数在计算机内部遵守补码规则。我们只有将补码变成原码，才能知道十进制数的结果是什么，操作是反过来的，先减去 1，然后将符号位以外的每位反过来，就是 10010011。这个结果转成十进制数是-19，写程序验证一下。

```
代码 8-1
#include <stdio.h>
int main() {
    printf("a=%d",~18);
}
```

瑞说："结果就是-19，有了非运算，我就能够控制补码的生成了。"

8.3 按位与运算

在位运算中，除非运算外，其他的运算都需要两个数。位运算依照规则将两个数对应的二进制数字，以位为单位进行运算操作。

瑞说："位运算就是不考虑进位。"

与运算（&）的规则是 0&0=0，0&1=0，1&0=0，1&1=1，只要见到 0，结果就是 0。

还是以 18&15 为例来具体计算一下，18 的二进制数是 00010010，15 的二进制数是 00001111，因此 18&15 的结果是 00000010，转成十进制数，是 2。

探索：你可以用程序验证一下 printf("a=%d",18&15) ;。

8.4 按位或运算

或运算（|）的规则是 0|0=0，0|1=1，1|0=1，1|1=1，只要见到 1，结果就是 1。

探索：你自己找两个数，用这个规则运算一下，然后用程序做验证。

8.5 按位异或运算

异或运算（^）的规则是 0^0=0，0^1=1，1^0=1，1^1=0，两个数一致就是 0，不一致就是 1。

探索：同样找两个数，用异或运算并写程序验证。

位运算看上去和我们现实生活中的需求关系不大，但事实上，这在计算机里是很多运算的基础。计算机内部运算都是基于位运算的。只有熟练掌握了位运算，我们才有能力直接控制计算机硬件。

考虑到位运算的速度是所有运算中最快的，C 语言高手常常会利用位运算写出高性能的程序。精确控制每位的操作有时也会节约内存空间。

8.6 移位运算

C 语言提供了对二进制数进行左移和右移的操作，就是将一个二进制数整体向左或右移动。

瑞说："**这也是速度最快的操作。**"

没错！左移右移的效率很高。

```
代码 8-2
#include <stdio.h>
int main() {
    printf("a=%d",5<<1) ;
}
```

在上面的程序中，我们将 5 向左移动了一位 5<<1。

瑞说："**这样写容易看懂，结果是 10。**"

可以指定让数字向左移动几位，在代码 8-2 中，数字 5 向左移动 1 位的结果是 10，恰好是 5×2 的效果。如果是一个十进制的数，那么 5 向左移一位，那就会变成 50，就是 5×10 的结果。因为你向左移一位就意味着后边会补上一个 0，而这个 0 所占的一位恰好就是将一个数放大成进制的倍数。

瑞说："**那以后乘以 2、乘以 4 就可以用移位运算代替了。**"

计算机不仅不能算减法，也不能运算乘法，乘法是通过连续的加来获得的。所以，在计算机中，乘法是一个非常慢的操作。移位运算却是一个非常快的操作，同时可以获得某些乘法的运算效果。因此编程高手经常在适合的情况下，用位移运算来替代乘法。

瑞说："**右移会有除法的效果？**"

是的，问题是向右移动一位，万一最后那位是 1 怎么办？没什么办法，就是把它舍弃掉，所以，3 向右移 1 位，得到的结果是 1。其实这和我们舍弃小数位是一样的，也没什么不可接受的，你可以写程序来验证一下。

瑞问："<<和>>这两个符号跟 C++的输入输出符号有什么关系？"

在 C++的输出和输入中，我们可以使用相同的符号，是因为 C++转变了这个符号的意思，与现在讲的位移操作没有任何关系。但是，在 C++中，数字的位移操作，依然是可以使用的。

在前面，我们曾经用除 2 取余的方式显示一个数的二进制数。现在，我们学习了位移运算，尝试着写程序用位移的办法来显示二进制数。提示一下，10010 这个数右移 4 位，看看结果是什么？大家先尝试一下，我们目前学的知识还不够，再多学一些就能写出更完美的程序，这里我先不给出程序了。

探索： 学了这么多，出几道题算算，2|7&5、2|5^3、2|5^3*2、2&5^3*2 用程序验证一下。

第 9 章

计算机聪明的根源

计算机能够进行运算，这只是它最基本的功能。现在我们将只有这个功能的设备称为计算器。计算机如此强大、聪明，是因为它还有一个功能，即能够作出判断，遇到不同的情况，可以作出不同的反应。也就是说，编程语言支持判断，这是程序设计的三大结构之一，被称为条件分支语句。

9.1　会判断的程序才聪明

瑞说："动物也是因为会判断所以才显得聪明的。"

还记得一开始，我把程序比作站起来、走到门口、打开门，可是如果这个时候发现门被锁上了，之前写的那个程序就会崩溃。程序只能按照你给定的逻辑运行，如果你没考虑到门会被锁上这种情况，那么一旦遇到这种情况，程序就不能自行做出决定，只能崩溃。

瑞说："程序员要事先考虑到所有的可能，这很难。"

所以，一个人学会写程序不难，但真正的编程高手是能够全面思考问题的人。在一段优秀的程序中，完成任务的语句比判断各种情况的语句要少很多。你要把程序写成：站起来、走到门口，如果门能够打开，那么打开门、走出去，否则把门撬开、走出去。这个过程用语言来描述不直观，再复杂一点就会把人绕进去，所以程序员一般用流程图来描述，如图 9-1 所示。

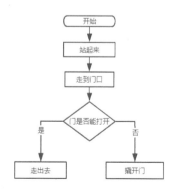

图 9-1　程序流程图

瑞说："程序运行产生了分支。"

所以，条件判断语句又叫作条件分支语句，条件分支语句是编程语言的基础。

输入一个数，如果这个数比 10 大，那么就显示这个数。

代码 9-1

```
#include <stdio.h>
int main() {
    int a ;
    scanf("%d",&a) ;
    if(a>10){
        printf("%d",a) ;
    }
}
```

这是最简单的条件分支语句应用 if(a>10){}。if 表示我要作判断了，后面的小括号里是判断条件，询问 a 是否大于 10。

瑞说："那么，就有两种可能：'大于'或'不大于'。"

如果 a>10，我们说这种结果是对的。在 C 语言里，这个比较产生的对的结果叫真；如果产生的结果是错的，叫假。如果判断的结果为真，就会执行后面大括号中的程序；如果是假，程序会跳过后面的大括号，继续运行大括号后面的程序。

9.2   找出更大的数

输入两个数，显示输出更大的那个。

代码 9-2

```
#include <stdio.h>
int main() {
    int a , b ;
    scanf("%d%d",&a,&b) ;
    if(a>b){
        printf("%d",a) ;
```

```
    }else {
        printf("%d",b) ;
    }
}
```

与上一个程序相比，这个判断后面加上了 else{}，这样 if 判断就拥有了两个 {}，也就拥有对两种情况的处理。如果 if 条件结果是真，会运行后面大括号中的程序；否则，运行 else 后面大括号中的程序。

瑞说："这样就可以有两个分支了。"

渐渐地，你会看出设计 C 语言时遵循着一些规律，比如{}负责圈定一个范围，就像这个 if 判断，在条件为真时，后面的大括号明确了哪些程序会运行。但是，在只有一条语句的情况下，是否有大括号并不影响程序编译后的结果。当然，我在设计时一定会写大括号，只是觉得这样看起来更舒服。在下一个程序中我会去掉大括号，你可以来感受一下二者的区别。

9.3　等于号是个陷阱

输入一个数字，判断这个数字是奇数还是偶数。提示一下，之前我们学习过%模运算，偶数意味着%2 的结果是 0，奇数的是 1。==两个等于号用来判断两个数是否相等。

代码 9-3

```
#include <stdio.h>
int main() {
    int a ;
    scanf("%d",&a) ;
    if(a%2==0)
        printf("%d是偶数",a) ;
    else
        printf("%d是奇数",a) ;
}
```

注意：==符号用来比较两个数是否相等。=在 C 语言中是赋值，所以一定要小心使用。

瑞说："这个太容易弄错了。"

条件判断的结果是真和假，但你也知道，事实上，在计算机里不会有"真"和"假"两个字，只有 0 和 1。因此，在 C 语言中规定，0 代表假，非 0 代表真。而 a=5,除了表示 a 变量里的值变成 5,还表示这句话运行的结果中会留下一个 5。

瑞说："在连等的运算中，是这样一个结果。"

5 是非 0，所以如果这句话作为条件判断，那么计算机也会认为它就是真。因此，如果我们这样写 if(a=5){}，C 语言也会顺利地执行。可是，如果我们希望判断 a 是否等于 5，那么这个程序运行的结果和我们想要的效果就完全不同了。

瑞说："结果不符合编写程序时的想法。"

由于这种错误并不会让程序运行不了，只是会使运行的结果和我们想要的不同，因此这样的错误叫作逻辑错误。让程序运行不了的错误是语法错误，语法错误并不可怕，因为在编译的时候，语法错误会被找出来，既编译不了也运行不了。而逻辑错误却需要程序员小心翼翼地避免。粗心的程序员常常会在程序中留下一些逻辑错误，使程序无法正确运行。这种错误查找起来非常麻烦，而且还会让你所写程序运行的结果无法达到你想要的效果。

瑞说："我有个聪明的做法：判断 a 是不是等于 5，写成 5==a，这样万一少写了一个=，编译就会出错，因为没办法给一个数字赋值。"

9.4　判断大小写字母

到目前为止，我们用到过>、==。除此之外，你也一定会提到<, >=、<=、!=,我想你应该能猜出它们的含义。

编程实践：输入一个字符，判断输出这个字符是大写字母还是小写字母。

思考： 在 ASCII 码表中，字母的编号是连续的。所以，小写字母就是比 a 大、比 z 小的字符，包含 a 和 z；那么大写字母就是比 A 大、比 Z 小的字符，包含 A 和 Z。

思考： 判断小写字母要同时判断>='a'并且<='z'，两个条件都要满足。

代码 9-4

```c
#include <stdio.h>
int main() {
    char a ;
    scanf("%c",&a) ;
    if(a>='a')
        if(a<='z')
            printf("%c是小写字母",a) ;
    if(a>='A')
        if(a<='Z')
            printf("%c是大写字母",a) ;
}
```

瑞说： "满足>='a'这个条件的情况下，再判断满足<='z'，这样就同时满足了两个条件。"

如果程序中不只是两个条件，而是很多条件，那么岂不是要写很多层 if 语句？这是个比较常见的问题。如果你来设计 C 语言，你会想用什么办法来解决这个问题？C 语言提供了一组逻辑运算符，我用逻辑运算符改写出下面这个程序，你看看与你的想法是否一样。

代码 9-5

```c
#include <stdio.h>
int main() {
    char a ;
    scanf("%c",&a) ;
    if(a>='a' && a<='z'){
        printf("%c是小写字母",a) ;
```

```
    }
    if(a>='A' && a<='Z') {
        printf("%c是大写字母",a) ;
    }
}
```

在上面的程序中，用&&符号连接了两个判断。我们学过一个&是按位与运算，两个&是逻辑与运算，其实两个&与运算之间没有什么必然的联系，&&你可以理解为"并且"的意思。只有前后两个判断条件都是真的情况下，总的结果才是真，其他情况都是假。

瑞说："a>='a' && a<='z'框定了一个范围，只有 a 的值在这个范围里，结果才是真。"

9.5   非法的成绩

用户输入总会有意外：要求输入身份证号码，输入的位数不对；要求输入电子邮箱，没有输入@；注册账号时要求输入两次密码，可是两次输入的密码不一致……一个好的程序员会想到所有可能的输入错误类型，用程序来验证输入的数据是否符合规则。

探索：现在请用户输入学生的成绩，验证是否是一个非法的成绩。

瑞问："<0 或者>100 的数字是非法的，难道有'或者'运算符？"

有逻辑或运算符，你能猜出来逻辑或的符号是什么吗？

瑞说："逻辑与是&&，按位与是&，按位或是|，这样推理，逻辑或就是||。"

猜得没错，你自己尝试着实现程序吧。

代码 9-6

```
#include <stdio.h>
```

```
int main() {
    int a ;
    scanf("%d",&a) ;
    if(a<0 || a>100){
        printf("输入的%d 不是合法的成绩",a) ;
    }
}
```

数据类型本身就有格式验证的作用，如果声明的是 int，那就意味着不能输入字母或符号。从这个角度来理解，上述程序进一步约定了限制条件。

还有一个思路，确定合法的范围是什么，除此之外都是非法的。

代码 9-7

```
#include <stdio.h>
int main() {
    int a ;
    scanf("%d",&a) ;
    if(a>=0 && a<=100){

    }else {
        printf("输入的%d 不是合法的成绩",a) ;
    }
}
```

将非法的提示输出放到 else 中也能实现这个功能。

瑞说："没必要这么做吧？看着就不舒服。"

逻辑运算中还有一个非运算符，将判断结果反过来。

瑞说："按位非是~，逻辑非就是~~。"

不是，谁告诉你是这样的规律的？逻辑非运算符是!，程序可以这样写：

代码 9-8

```
#include <stdio.h>
int main() {
    int a ;
    scanf("%d",&a) ;
    if(!(a>=0 && a<=100)){
```

```
        printf("输入的%d 不是合法的成绩",a) ;
    }
}
```

注意：这里有两个"注意"。一是判断合法用>=0，而判断非法用<0，因为 0 本身是合法的，写程序时要特别注意边界上的问题。二是判断是合法成绩的条件加上了括号，这是因为逻辑非运算符的优先级更高。如果不加括号，运算顺序就乱了。有一个最基本的优先级原则，即单目运算的优先级高于双目运算。运算时只有一个数参与就叫单目运算，两个数参与运算叫作双目运算。如果实在不清楚优先级，就加上括号。

瑞说："看来几个条件一起判断，会有多种写法。"

编程语言提供了多种进行逻辑运算的手段，在编程的过程中，程序员可以寻找最佳做法。逻辑运算看上去并不复杂，但其实它已经属于数学界的一个重要的分支——逻辑代数。因为逻辑代数是科学家布尔提出来的，所以又称布尔代数。逻辑运算也称为布尔运算，真和假的结果称为布尔值。

瑞说："这样说来，发明这些规则的人真伟大，C 语言是很多科学家的共同成果。"

9.6　好学生划分

我们学习了如何作判断，学习了判断后有两个分支。如果有多个分支，该怎么做呢？多个分支就意味着会有多个条件。

探索：比如输入考试成绩，如果 60 分以下就显示不及格，60 分到 70 分显示及格，70 分到 80 分是良好，80 分到 90 分是优良，90 分以上是优秀。根据题目的描述，我们可以写出一系列的 if 语句。

代码 9-9

```
#include <stdio.h>
int main() {
    int score = 0 ;//建议声明变量的时候赋初值
    scanf("%d" , &score) ;
    if(score>=0 && score<60){
        printf("不及格") ;
    }
    if(score>=60 && score<70){
        printf("及格") ;
    }
    if(score>=70 && score<80){
        printf("良好") ;
    }
    if(score>=80 && score<90){
        printf("优良") ;
    }
    if(score>=90 && score<=100) {
        printf("优秀") ;
    }
}
```

这样虽然完成了任务，但是程序还有优化的空间。首先，成绩不会小于 0，也不会大于 100，所以，在判断时不需要>=0 和<=100 的条件。其次，更主要的是，如果判断出成绩<60，那么下一个判断——>=60&&<70——就完全没有必要进行了，可以通过 else 双分支，在"否则"里继续下一步判断。因为在这种情况下，成绩一定会>=60。按照这个思路，我们调整一下程序：

代码 9-10

```
#include <stdio.h>
int main() {
    int score = 0 ;
    scanf("%d" , &score) ;
    if(score<60){
        printf("不及格") ;
    }else if(score<70){
        printf("及格") ;
    }else if(score<80){
        printf("良好") ;
    }else if(score<90){
        printf("优良") ;
    }else{
```

```
        printf("优秀") ;
    }
}
```

瑞说："还可以在前面先判断一下成绩是否合法。"

有道理，你加上去。最后一个 else 是不加条件的，因为所有的条件都被排除掉了，剩下的就是"优秀"。

9.7　不仅仅判断大小写

探索：输入一个字符，判断它是大写字母、小写字母、数字还是其他符号。

代码 9-11
```
#include <stdio.h>
int main() {
    char letter = ' ' ;
    scanf("%c" , &letter) ;
    if(letter>='a' && letter<='z'){
        printf("%c是小写字母", letter) ;
    }else if(letter>='A' && letter<='Z'){
        printf("%c是大写字母", letter) ;
    }else if(letter>='0' && letter<='9'){
        printf("%c是数字", letter) ;
    }else{
        printf("%c是其他符号", letter) ;
    }
}
```

9.8　简易计算器

我们做一个简易的计算器，接收用户输入的运算指令，显示输出计算结果。例如，用户输入 3.5+7.8，输出 11.3；用户输入 2.4*1.5，输出 3.6；用户输入 2.1/2.3，输出 0.9；用户输入 5.8-3.4，输出 2.4。

思考：如何接收用户输入的表达式？我们能够接收一个整数、一个小数或一个字符，所以不可能用一个变量来接收整个表达式。观察我提供的例子，可以看出一个表达式是由两个小数和一个运算符号构成的。

瑞说："需要声明三个变量——两个 float 和一个 char，并按照表达式的顺序分别接收到变量中。"

运算符号的区分是关键，我们一共可能有 4 个运算符号：+、−、*、/。看上去需要用 if 判断用户输入的到底是什么运算符号，从而进行相应的计算输出。

跟着我分析到这里，你可以先尝试着去写程序来实现，不到万不得已，不要看我提供的程序。

代码 9-12
```c
#include <stdio.h>
int main() {
    float num1=1 , num2=1;
    char oper =' ';
    scanf("%f%c%f" , &num1 , &oper , &num2) ;
    if(oper=='+'){
        printf("%.2f", num1+num2) ;
    }
    if(oper=='-'){
        printf("%.2f", num1-num2) ;
    }
    if(oper=='*'){
        printf("%.2f", num1*num2) ;
    }
    if(oper=='/'){
        printf("%.2f", num1/num2) ;
    }
}
```

注意：从这一章开始，我声明变量时，会努力地让它们的名字有一定的含义。随着程序越写越大，需要声明的变量越来越多，我们往往会搞不清某个具体变量的含义是什么，所以一个有意义的变量名字很重要。

我在这个程序中声明变量的时候，给每个变量赋的初值都是有特别考虑的。数字的初值，我赋的都是 1。如果用户输入的表达式是符合规则的，那么这个初值没有意义。但是如果用户输入的表达式的格式不正确，那就会使变量无法得到数值。

瑞说："不赋初值，就有可能遇到初值是 0 的情况，在除法中会出现除零错误。"

所以，我进行了特别的考虑。如果要把这个程序写得更完善，你也可以考虑，在运算前判断一下用户输入的格式是否正确。

最后留一个任务给你，我不提供答案：输入一个年份，判断是否是闰年。闰年的判断条件是，能被 4 整除，但是不能够被 100 整除，不过能被 400 整除的也是闰年。这个任务有两种解决方案，可以用多个 if 语句，也可以使用逻辑运算（与或非）来解决。

第 10 章
处理大量的数据

我们学习了变量，这能够帮助我们做不少的运算。与人相比，计算机处理大量数据的能力是它强大的重要原因。处理大量数据，依靠的是足够快的运算速度。同时，编程语言还需要配套存储大量数据的能力，内存在硬件上准备好了存储大量数据的基础。为了让程序能够更加方便地访问这些数据，C 语言设计了相应的语法来管理数据，这也是编程语言设计之初面临的挑战。看看 C 语言的做法，与你想的是否一样。

10.1　数组

编程就是向计算机下达一系列的命令，这些命令需要符合编程语言的语法规则。最终计算机里的 CPU 会将程序员下达的命令按照规则执行出来，所以本质上，编程是在用指令指挥 CPU 工作。变量则不是，变量操作的是计算机中的内存。一个优秀的程序员，一方面，要知道每个指令在 CPU 里会被如何执行；另一方面，要知道如何有效地操作内存。

我们前期会着重学习语言中的命令，渐渐地，要更多关注内存操作。强大的程序，通常要能对大量数据进行加工和处理。一个变量自身的能力有限，大规模的操作内存意味着你要声明大量的变量。然而，管理这些变量很困难，单单是起名字就会让你崩溃。所以编程语言给我们提供了处理一组数据的手段，那就是数组。

瑞说："一组变量。"

我们可以用一个名字来管理一组数据类型相同的变量。先来看一个数组的声明——"int arr[10];"。它们有一个统一的名字，即 arr，后边有一个中括号，里边是数字 10，这样我们就一次性地声明了 10 个整数变量。

瑞说："包含了 10 个变量。"

既然一次性声明了 10 个变量，下一步我们就要知道如何准确地找到某个变量。arr[0]=5;就是向这组数据中的第 1 个数赋值 5。我们把方括号中的数字 0 叫作下标，通过下标来确定是数组中的第几个变量。

瑞问："下标 0 是第一个变量？"

在 C 语言中，第 1 个变量下标是 0，那么下标 1 就是第 2 个变量，这和我们的习惯有些不同，需要花点时间去适应。也就是说，我们声明一个有 10 个变量的数组，第 1 个数是 0，最后一个数是 9。

瑞问："万一不小心写了 arr[10]=5;，会怎么样呢？"

按照规则，这个变量并不存在，但是 C 语言还是会让这个程序运行的。

瑞说："感觉这么做会有什么问题。"

这个问题先放下，理解了数组在内存中具体的存储方式再说。

数组在内存中是紧密排列的连续变量。内存中的变量是有地址的，因此数组的名字，就是这一组中第 1 个变量的地址。因为我们知道如何显示变量的地址，所以可以写程序验证一下。

```
代码 10-1
#include <stdio.h>
int main() {
    int arr[10] ;
    printf("%d\n%d" , arr , &arr[0]) ;
}
```

显示结果如图 10-1 所示。

图 10-1　代码 10-1 的显示结果

理解一下 arr 和&arr[0]得到的都是地址。

注意：取第 1 个变量地址的写法&arr[0]，一开始会觉得有点复杂，要强迫自己去理解 arr[0]和过去一个变量 a 表示的含义相同。

瑞说："arr[0]就是过去的 a。"

这个程序运行后，你会发现两个数是一模一样的，所以数组的名字本身就是一个地址，而且是数组中第 1 个变量的地址。数组中其他的变量，按照数据类型占用内存的大小紧密排列在后面。

瑞说："我可以试试，看其他变量是否是紧密排列的。"

在声明数组的时候，arr[10]这个变量没有声明。如果在后续程序里强行地使用它，按照数组的规则，它会排在最后一个数组变量的后面。这是程序员常犯的一个错误，叫数组越界。虽然在这种情况下，C 语言也是能够运行的，但这么做会有非常大的风险，因为你不知道所声明的数组后面的那个位置是干什么的。万一那个位置是有用的，对那个位置赋值就会破坏其他的内容，这会造成意想不到的错误。所以运用 C 语言的程序员一定要小心，确保不要犯数组越界的错误。

瑞说："能运行但存在错误，也就是说，这也是逻辑错误。"

声明变量的时候会选择初始化变量，数组同样可以进行初始化，例如 int arr[3]={1,2,3};。如果不对数组进行初始化，那么数组中每个元素的值将是不可预料的。事实上，每个元素的值就是内存中原来存储的值。

瑞说："这和变量的规则是一样的。"

存在一种可能，进行初始化时没有给足数量，比如 int arr[3]={1};。这种情况的结果是第 1 个元素被赋值为 1，后面的元素全部被自动地初始化为 0。因此，程序员初始化一个数组所有值为 0 的常见操作是 int arr[10]={0};。

瑞说：“这个我也可以试试。”

代码 10-2

```
#include <stdio.h>
int main() {
    int arr[5] = {1 , 2 , 3 , 4} ;
    for(int i = 0 ; i < 5 ; i ++){
        printf("%d " , .arr[i]) ;
    }
}
```

显示结果如图 10-2 所示。

图 10-2　代码 10-2 的显示结果

根据这个特性，严谨的 C 语言程序员声明数组时，即便不需要赋初值也会将初值设成 0：

```
int arr[100] = {0} ;
```

在 C 语言中也可以用初值的数量自动声明数组的大小：

```
int arr[] = {1 , 2, 3, 4, 5} ;
```

这条语句等同于：

```
int arr[5] = {1 , 2, 3, 4, 5} ;
```

后面{}中有几个数，数组就会自动声明成几个变量。

10.2 数组元素交换

探索：声明一个拥有 5 个元素的数组，从键盘上接收 5 个字符，将第 2 个字符和第 4 个字符对调，然后将数组的内容按顺序显示出来。

这个任务的关键在于你要能够准确地找到第 2 个字符和第 4 个字符的下标。还记得交换两个变量值的做法吧？

瑞说："第 2 个字符下标是 1，第 4 个字符下标是 3，这事儿不能乱。"

代码 10-3

```c
#include <stdio.h>
int main() {
    char arr[5] ;
    scanf("%c%c%c%c%c" , &arr[0],&arr[1],&arr[2],&arr[3],&arr[4]) ;
    char t = arr[1] ;
    arr[1] = arr[3] ;
    arr[3] = t ;
    printf("%c%c%c%c%c\n" , arr[0], arr[1], arr[2], arr[3], arr[4]) ;
}
```

注意：这个程序测试的时候，字符之间不能用空格分隔，因为空格也是一个字符。

10.3 集体后移

将上一个任务变化一下，把输入的字符整体向后挪一位，而最后一个字符放在数组的第一个位置上。

注意：程序只能一次移动一个值，而且要注意移动的顺序，因为变量赋了一个新值，原有的值就会消失。

瑞说："所以要从后向前操作。"

```
代码 10-4
#include <stdio.h>
int main() {
    char arr[5] ;
    scanf("%c%c%c%c%c" , &arr[0],&arr[1],&arr[2],&arr[3],&arr[4]) ;
    char t = arr[4] ;
    arr[4] = arr[3] ;
    arr[3] = arr[2] ;
    arr[2] = arr[1] ;
    arr[1] = arr[0] ;
    arr[0] = t ;
    printf("%c%c%c%c%c\n" , arr[0], arr[1], arr[2], arr[3], arr[4]) ;
}
```

10.4　数组地址的秘密

数组的名字是数组第 1 个元素的地址，在 scanf 中，既然变量前面要加上取地址符（&），那么&arr[0]是否可以简化成 arr？你可以自己尝试一下。我能将程序改成下面这个样子：

```
代码 10-5
#include <stdio.h>
int main() {
    char arr[5] ;
    scanf("%c%c%c%c%c" , arr,arr+1,arr+2,arr+3,arr+4) ;
    printf("%c%c%c%c%c\n" , arr[0], arr[1], arr[2], arr[3], arr[4]) ;
}
```

瑞说："两种做法竟然都可以。"

C 语言发现 arr 是个地址。用一个地址加上一个数字，它不会简单地进行数学运算，而是会根据这个数组的数据类型，跳到相应的位置上。我用程序来验证一下。

```
代码 10-6
#include <stdio.h>
```

```
int main() {
    int arr[5] ;
    printf("%x\n%x\n" , arr, arr+1) ;
}
```

显示结果如图 10-3 所示。

图 10-3　代码 10-6 的显示结果

观察一下运行的结果，你会发现，第 2 个表示地址的数字和第 1 个相比并没有增加 1，而是增加了 4，那是因为 int 数据类型有 4 字节。

这是一个特别聪明的做法，因为在与地址有关的大多数操作上，我们的需求是这样的。如果 C 语言是你发明的，那么你应该也会这么干吧？

瑞说："确实，如果在地址上加 1，它真的只是加了一个 1，没什么用。"

探索：有兴趣的话，定义其他数据类型的数组，看看加 1 会增加多少。

10.5　字符串

在 C 语言中并不存在一个叫作字符串的数据类型。字符串是由一堆字符组成的。

瑞说："难道是字符数组。"

没错，C 语言确实是这么做的，数组就是由一堆相同类型的数据构成的。如果声明变量的同时要保存一个字符串，那么可以这么写：

```
char str1[20]= "abcdefg";
```

这是"网开一面"的特殊写法。按照数组的规则，声明变量并且初始化，应该这么写：

```
char str1[20]={'a','b','c','d','e','f','g'} ;
```

考虑到字符串的特殊性和人们的习惯，这两种写法效果相同。如果我们使用 scanf 和 printf，那么可以用 s% 来格式化接收字符串或输出字符串。

瑞说："C 语言的很多设计确实挺人性化的。"

代码 10-7
```
#include <stdio.h>
int main() {
    char str1[20] ;
    scanf("%s" , str1) ;
    printf("%s" , str1) ;
}
```

注意：接收字符串输入的时候，变量前面并没有加&取地址符，因为数组的名字本身就是地址。

现在有一个问题，在声明字符数组时，将数组长度设置为 20，虽然我们似乎不会用到这么长的字符串，但如果我复制进去的字符串长度大于 20，那么你能想象得到结果是什么样的吗？

瑞说："应该也是数组越界吧。"

是的，虽然看上去好像没什么问题，但是我们也要努力地避免这种情况发生，一定要声明比实际需要更大的数组长度。

瑞说："对于程序员来说，估算好最大的数组长度太不容易了。"

我们已经发现，如果赋值的字符串小于数组长度，那么在显示的时候，它不会显示数组的全部位数，而是会根据实际字符串的长度来显示。C 语言的设计者考虑到了这个问题，于是在定义字符串时，会在字符串结尾的后面加上\0，作为字符串结束的标志。

注意：\0 不等于 0，\0 是十进制数的 0，由于这里所定义的都是字符，所以"0"是 ASCII 码的 0，就是十进制数的 48。

瑞说："字符 0 当然不能作为字符串的结尾，否则万一字符串中有一个 0，不就出问题了吗？"

探索：把下面的程序输入计算机中感受一下。

代码 10-8
```c
#include <stdio.h>
int main() {
    char str1[20] = "abcd\0efg";
    printf("%s" , str1) ;
}
```

显示结果如图 10-4 所示。

图 10-4　代码 10-8 的显示结果

因为在给字符数组赋值的时候，在字符串中间加入了一个\0，所以，显示时，\0 后面的内容显示不出来了，C 语言编译器认为到\0，字符串就结束了。

因为有了\0 作为结束标志，所以数组中真正保存的内容比输入的字符串多出了一个数。

还有一个问题，用键盘输入时，一直用空格作为一个数据输入结束的分隔符，但是在计算机中，空格本身就是一个字符，万一要输入空格怎么办？这个问题

scanf 解决不了，C 语言提供了另外一个方法——fgets，专门接收含有空格的字符串输入，fgets 将空格作为字符直接输入。

代码 10-9

```
#include <stdio.h>
int main() {
    char str1[20];
    fgets(str1 , 20 , stdin) ;
    printf("%s" , str1) ;
}
```

fgets 中需要三个东西：第一个是字符数组，这个很容易理解；第二个是读取 20 个字符，既然不能用空格来分隔，那么就不能用任何东西分隔，确定接收多少字符这个想法是合理的；第三个是输入文件，键盘在 C 语言中被当作文件，文件名就是 stdin。你尝试一下，在键盘输入的字符串中加入空格。

第11章
疯狂运算的计算机

到目前为止，我们学习了输入、输出及运算的相关知识。因为分支结构的加入，程序拥有了判断能力。现在学习另一种重要的程序结构——循环。

计算机之所以如此强大、超出人类，主要原因是它的运算速度快，并且可以无休止地工作。但是这个特点，到目前为止，我们并没有体会到。如果仅仅要计算 1+2，我们用一眨眼的工夫就能知道结果，而交给计算机，还要花时间写一堆程序，然后才能让它运行。

瑞说："写程序用的时间比计算机计算结果的时间长得多。"

在此前的编程过程中，会将重复的程序或变动比较小的程序通过复制粘贴的方法拷贝出来，然后进行相应的改动。事实上，程序员并不需要这么做。为了发挥计算机真正的优点，C 语言提供了循环结构让程序不断地去重复完成一些任务。

瑞说："循环结构能够让程序重复运行，但应该还要知道怎么才能让程序停下来。"

11.1　while 循环

循环的写法是这样的：while(){}。

瑞说："看上去很像 if 语句的结构。"

我们已经有过经验了，能够猜到大括号中包含的内容将会不断地重复运行。但是程序的循环运行总会有结束的那一刻，那么程序结束的条件是什么呢？就是小括号中描述的条件。

瑞说："与 if 判断的条件一样？"

对，就是逻辑运算。用一个简单的例子来了解循环，我现在想在屏幕上输出 0~9。

代码 11-1

```
#include <stdio.h>
int main() {
    int i= 0 ;
    while(i<10){
        printf("%d" , i) ;
        i ++ ;
    }
}
```

显示结果如图 11-1 所示。

图 11-1　代码 11-1 的显示结果

程序的开头，先声明了一个变量 i，我们希望用这个变量 i 来控制循环的次数，这种做法很常见。变量 i 的初始值是 0，因为我们的任务就是要显示 0~9。如果我们的任务是显示 1~9，那么初始值就应该是 1。while 后面小括号里的内容是控制循环的条件。如果条件是真，就会重复执行大括号中的程序，在大括号中输出 i 的值，然后 i++，这符合任务的要求。随着一次次的循环重复，变量 i 的值在不停地增加，一直增加到 10，这时 i 的值不符合循环条件了，于是循环就会结束。所以在循环时，程序每执行一次，都会去检查一下条件是否满足。

瑞说："i++ 和判断条件是相互配合的。"

如果我们将程序改成这个样子：

代码 11-2

```
#include <stdio.h>
int main() {
    int i= 5 ;
    while(i<10){
        printf("%d" , i) ;
        i -- ;
    }
}
```

瑞说："这个循环出了问题，一直停不下来。"

分析一下这个程序，我们会发现 i 的初始值是 5，在循环中一直不断地 i--，那么在这段程序执行的过程中，i 的值会不断减少，判断条件永远不可能是假，这个循环也就永远不可能停止，程序也就没有办法结束了。我们将这样的循环叫作"死循环"。当然，在有些任务中，程序员为了达到某些目的，也会有意写出死循环。

瑞说："想不到什么情况下会用到死循环。"

11.2 数字累加

用变量的值来控制循环，并不是必需的。例如，我们现在有一个任务，将用户输入的每个数加起来，如果用户输入-1，就显示相加的结果。

代码 11-3

```c
#include <stdio.h>
int main() {
    int num= 0 , sum = 0 ;
    while(num!=-1){
        sum += num ;
     scanf("%d" , &num) ;
    }
    printf("%d" , sum) ;
}
```

在程序中用变量 num 接收用户输入的数字，并判断是否结束循环。用 sum 将输入的数字累加起来。

注意：测试这个程序时，每输入一个数字，最好都用回车键来分隔。因为每按一次回车键，程序就会立即执行。如果用空格来分隔，那么只有在按回车键的时候，程序才会整体执行。

累加的操作放在接收用户输入语句的操作前面，这样我们就能够在接收输入语句后，立刻进行判断。这两条语句反过来，我们会发现输入的-1也会参与运算，总的结果就会少1。

瑞说："我得试一下。"

探索：调整一下任务，依然是连续接收用户的输入，如果输入的数字总和大于100，那么我们输出这些数字的平均数。

代码 11-4

```
#include <stdio.h>
int main() {
    int num= 0 , sum = 0 , count = 0 ;
    while(sum<=100){
        scanf("%d" , &num) ;
        sum += num ;
        count ++ ;
    }
    printf("%f", (float)sum/count) ;
}
```

注意：重点体会一下，在循环体内代码的先后顺序对结果的影响。

While 循环有一个特点，就是在进入循环前先要看一下是否满足循环条件。如果满足，才会开始进行循环。那么就有一种可能，循环体一次都不会被执行。在大多数情况下，这不会有问题，但有时我们希望循环体至少被执行一次，否则就无法判断是否要进行下一次循环。

瑞说："程序员要确保在循环开始前，满足循环条件，否则循环就没有意义了。"

编程任务千奇百怪，所以 while 循环有一个变化——do{}while()，这样我们就能够将循环控制条件放在循环体的后面。

11.3　统计字符串中字符的数量

探索： 还记得字符串结束标记\0 吧？可以用循环编写程序来自动统计字符串中有多少个字符。

代码 11-5

```
#include <stdio.h>
int main() {
    char str1[100];
    int i = 0 ;
    fgets(str1 , 100 , stdin) ;
    while(str1[i]!='\0'){
        i ++ ;
    }
    printf("一共有%d 个字符" , i-1) ;
}
```

程序用了 fgets，这样我们能够在字符串中输入空格，循环条件是 str1[i]!='\0'。

注意： 你需要减去 1，因为普通的程序使用者是不会理解有一位结束标志的。

11.4　将字符串中的小写字母变成大写字母

探索： 有了循环，我们就可以将一个字符串中所有的小写字母转换成大写字母了，在上一个程序的基础上完成这个任务并不难。

代码 11-6

```
#include <stdio.h>
int main() {
    char str1[100];
    int i = 0 ;
    fgets(str1 , 100 , stdin) ;
    while(str1[i]!='\0'){
        if(str1[i]>='a'&&str1[i]<='z'){
```

```
            str1[i] -= 32 ;
        }
        i ++ ;
    }
    printf("%s" , str1) ;
}
```

11.5 大小写字母的相互转换

探索：进一步要求将字符串中所有的小写字母转换成大写字母，同时，如果是大写字母，就要转换成小写字母。

瑞说："这个任务很简单。"

代码 11-7
```
#include <stdio.h>
int main() {
    char str1[100];
    int i = 0 ;
    fgets(str1 , 100 , stdin) ;
    while(str1[i]!='\0'){
        if(str1[i]>='a'&&str1[i]<='z'){
            str1[i] -= 32 ;
        }
        if(str1[i]>='A'&&str1[i]<='Z'){
            str1[i] += 32 ;
        }
        i ++ ;
    }
    printf("%s" , str1) ;
}
```

瑞说："等一下，这不行，所有的字母最后都转成了小写字母。"

显示结果如图 11-2 所示。

图 11-2　代码 11-7 的显示结果

分析一下原因，如果是大写字母，就会符合循环中的第二个判断条件，这样大写字母转换成小写字母没问题。如果是小写字母，就会符合循环中的第一个判断条件，于是小写字母会转换成大写字母，但是接着程序就会遇到第二个判断，结果恰好又符合大写字母的判断条件，这个字母又被转换回来。

瑞说："要想办法使第一个条件被满足后不去进行第二个判断，可以用 else 语句。"

代码 11-8

```
#include <stdio.h>
int main() {
    char str1[100];
    int i = 0 ;
    fgets(str1 , 100 , stdin) ;
    while(str1[i]!='\0'){
        if(str1[i]>='a'&&str1[i]<='z'){
            str1[i] -= 32 ;
        }else if(str1[i]>='A'&&str1[i]<='Z'){
            str1[i] += 32 ;
        }
        i ++ ;
    }
    printf("%s" , str1) ;
}
```

显示结果如图 11-3 所示。

图 11-3　代码 11-8 的显示结果

瑞说："我不认为 else if 是一个新的语法，那只不过是因为 else 后面接的是一句话，所以不用大括号而已。"

11.6　break 和 continue

如果有多个条件决定循环结束，该怎么办呢？例如，如果累加的结果大于 100 或者用户输入了-1，我们就结束循环并显示平均数。

瑞说："用逻辑运算符就行了。"

先来尝试一下使用逻辑运算符连接两个条件作为循环控制条件，即 sum<=100||num!=-1。这样好像不行，思考一下问题出在哪里：循环控制条件是真，就会循环；而用或运算，两个表达式有任意一个是真，结果就是真。我们想要的效果是，有任意一个是假就退出循环。这件事用这个思路来解决，也不是不可能，但确实让人有点儿头疼。

瑞说："也不是不能解决，我应该能够做到。"

C 语言提供了循环的一个附加功能——break 语句来跳出循环，你可以非常灵活地在循环中任何一个地方设置 break 语句来跳出循环。

```
代码 11-9
#include <stdio.h>
int main() {
    int num= 0 , sum = 0 , count = 0 ;
    while(sum<=100){
        scanf("%d" , &num) ;
        if(num==-1){ //符合条件，跳出循环
            break ;
        }
        sum += num ;
        count ++ ;
    }
    printf("%f" , (float)sum/count) ;
}
```

break 语句的加入使我们对循环的控制变得灵活多了。

瑞说：“在程序里，可以在任何地方结束循环。”

探索：统计 100 以内能被 5 整除，但不能被 7 整除的数一共有几个。

```
代码 11-10
#include <stdio.h>
int main() {
    int num= 0 , count = 0 ;
    while(num<100){
        num ++ ;
        if (num%5==0&&num%7!=0) {
            count ++ ;
        }
    }
    printf("%d" , count) ;
}
```

如果任务改成统计 100 以内不能被 5 整除,也不能被 7 整除的数一共有几个,那该如何实现。

Break 语句使程序直接跳出循环，循环也就停止了，而 continue 语句使程序跳过这次循环中剩下的还没有执行的语句，开始下一次循环。所以代码 11-10 可以这样写：

```
代码 11-11
#include <stdio.h>
int main() {
    int num= 0 , count = 0 ;
    while(num<100){
        num ++ ;
        if (num%5==0||num%7==0) {
            continue ;
        }
        count++ ;
    }
    printf("%d" , count) ;
}
```

瑞说：“不用 continue 也能实现，不过有了 continue，编程方式变得灵活多了。”

11.7　人性化的 for 循环

发明编程语言的人相当伟大，一直在努力用最少的语法规则，去解决计算机里可能出现的所有问题。

但是 C 语言的循环语法，并没完全遵循这一思想。while 循环能够解决所有的循环问题，C 语言却同时给我们提供了 for 循环，为什么要画蛇添足呢？

人类和计算机相比有一个明显的弱点，就是人类的运算能力不够，所以我们常常会想出更加聪明的运算方法。举一个著名的例子，就是从 1 加到 100，结果是多少？虽然我们也能一个数一个数地加，但是，这样运算太麻烦了。于是就想到了一个办法，1+100=101、2+99=101、3+98=101……然后用乘法求出结果，这是对运算的优化。在编程语言中，我们将这种更好的处理方案叫作"算法"。但是就这个题目而言，对于计算机来说，完全不需要去优化，因为计算机很擅长一个数一个数地加。计算机的运算在 80% 的情况下，会用到这样的笨方法，这意味着计算机总是要求程序能够产生连续的数列。而 for 循环就是对这一要求提供了特别的支持，使用 for 循环可以轻松地生成连续的数列。

瑞说："C 语言在设计时还要考虑让人用起来方便。"

还是用显示 0~9 来举例子。如果用 while 循环，需要在循环前先准备好一个初始值为 0 的变量，在循环中不断地将这个变量加 1，并且在循环控制条件上判断 i 是否小于 10，这样才能产生连续数列。这就需要我们做三件事情，而这三件事情被 for 循环的语法融合到了一起。

代码 11-12

```
#include <stdio.h>
int main() {
    for (int i = 0 ; i < 10; i++) {
        printf("%d" , i) ;
```

```
        }
    }
```

瑞说："产生连续数列时，用 for 循环更方便。"

在 for 循环的小括号中，有两个分号将小括号分割成三部分：第一部分用于声明变量，并提供初始值；第二部分，是每次循环时进行的条件判断；第三部分，改变变量的值。计算机的运行顺序是先执行第一部分，然后看第二部分是否符合条件。如果符合条件，那就执行大括号中的程序，执行结束后将运行第三部分，然后立即去检查第二部分的条件是否满足。程序周而复始地交替运行第二部分和第三部分，直到条件不再满足，循环结束。

瑞说："for 循环就是将 while 循环中需要进行的几件事情放在了一起。"

for 循环即控制了循环次数，同时提供给循环体一个不断变化的变量 i 值。

探索： 下面我们试着用 for 循环计算一下 1~100 相加的总和。

代码 11-13

```
#include <stdio.h>
int main() {
    int sum = 0 ;
    for (int i = 1 ; i <= 100; i++) {
        sum += i ;
    }
    printf("%d" , sum) ;
}
```

注意： 在写这个程序的时候，需要小心处理是<还是<=，这是边界问题。很多程序出错的原因是我们没有处理好边界。

在 for 循环的小括号中，三个部分的内容并不是必需的，但是两个分号必须提供。比如代码 11-13，我修改一下，它同样能够运行：

代码 11-14

```
#include <stdio.h>
int main() {
    int sum = 0 , i = 1;
    for ( ; i <= 100; i++) {
        sum += i ;
    }
    printf("%d" , sum) ;
}
```

仔细观察 for 循环后面小括号中的内容，因为变量 i 已经在前面声明了，所以 for 循环的第一部分不需要了，我们可以不写，但是仍然需要分隔它的分号。

瑞说："否则每个部分要做什么事情就都乱套了。"

11.8 判断质数

接收一个输入的数字，判断它是否为质数。质数的定义是，一个数只能被 1 和它本身整除。换句话说，一个数如果不能被从 2 到比它小 1 的任何数整除，那么这个数就是质数。

探索：程序需要生成从 2 到比这个数小 1 的数字，一个个地尝试，去除以输入的数，看能否被整除。如果能被整除，那它就不是质数。

想做对并不容易，用输入的数字除以循环所生成的数，会有两个结果：一是除得开，没有余数，那么毫无疑问它不是质数；二是除不开有余数，可这种情况并不意味着它就是质数。因为质数要求生成的所有数字都除不开才行，所以循环里某一个数除不开并不能确保它是质数。

瑞说："判断输入的数字不是质数很容易，但如果要判断它是质数，则需要每个生成的数字都试过除不开才行。"

先自己琢磨一下解决这个问题的思路。

我想到了一个方法，先找一个初始值是真的变量 f，就是非 0，把它设成 1。循环中一旦发现有除开的现象，就把 f 设成 0，并跳出循环，否则我不改动它的值。这样一来，如果整个循环运行结束都没有发现除开的现象，f 的值也就没有发生变化。循环结束后再来判断 f 的值，如果是 1，也就意味着 f 的值没被改过，那么这就是一个质数；如果是 0，说明有除开的现象，那么它就不是质数。

代码 11-15

```c
#include <stdio.h>
int main() {
    int num , f = 1;
    scanf("%d" , &num) ;
    for(int i = 2 ; i < num ; i ++)
    {
        if(num%i==0){
            f = 0 ;
            break ;
        }
    }
    if(f){
        printf("是质数") ;
    }else{
        printf("不是质数") ;
    }
}
```

在程序中这种做法很常见，f 变量用来标示，在所有的情况下条件从来没有被满足。

注意：在进行 if 判断时，我并没有比较 f==0，因为 0 就是假，非 0 就是真。在 C 语言程序中，可以直接使用这个规则作为判断条件。

11.9 水仙花数

在数学中，有几个著名的数字叫水仙花数，也叫作自恋数，这是一个三位的整数。如果求出这三位数中每位的立方，将结果加在一起还等于原本这个数，那么这个数就是水仙花数。可以编写程序，借助计算机强大的运算能力来快速求出所有的水仙花数。

分析一下这个程序。既然水仙花数必须是三位数，那么我们就要找到从 100~999 的每个数。看上去 for 循环是最佳选择，每循环一次，就得到一个数。下一步要将这个三位数的每位拆分出来。在前面讲运算的时候，我们写过这样的一个程序，我建议先把那个程序复习一下。立方怎么算？这个简单，就是乘三次。我能帮你搭的思路就这些，现在琢磨着写程序来求出 100~999 的水仙花数吧。

代码 11-16
```
#include <stdio.h>
int main() {
    int h , t , u ;//用于存储百位、十位和个位
    for(int i = 100 ; i <= 999 ; i ++){//每次循环得到一个三位数 i
        h = i/100 ;
        t = i/10%10 ;
        u = i%10 ;
        if(h*h*h+t*t*t+u*u*u==i){
            printf("%d " , i) ;
        }
    }
}
```

显示结果如图 11-4 所示。

图 11-4　代码 11-16 的显示结果

探索： 再稍微加大点难度，从键盘上接收两个三位数字，显示出这两个数字之间的水仙花数。

代码 11-17
```
#include <stdio.h>
int main() {
```

```
int h , t , u , start , end ;
scanf("%d%d" , &start , &end) ;
if(start>end){//确保 start 小于 end
    int t = start ;
    start = end ;
    end = t ;
}
for(int i = start ; i <= end ; i ++){//每次循环得到一个三位数 i
    h = i/100 ;
    t = i/10%10 ;
    u = i%10 ;
    if(h*h*h+t*t*t+u*u*u==i){
        printf("%d  " , i) ;
    }
}
}
```

有了求 100~999 水仙花数程序的基础，新的任务看上去并不困难，很多人都可以写出来。但是看一下和我所提供的程序是否一致，或许我会比你多出来一个 if 语句。因为我考虑到用户输入的两个数字，并不一定是小的在前面，大的在后面。

瑞说："我就没考虑到这种情况。"

随着我们所写的程序越来越复杂，只是找到解决问题的思路，并把程序写出来，是不够的。你还要想办法考虑得更加周全，这样才能成为一个优秀的程序员。

第 12 章

烧脑的循环

有没有感觉到循环加上数组使编写程序的难度大了很多？只有顺序结构的程序只需有"鹦鹉学舌"的能力，想明白程序运行的过程，就完全能够用编程语言描述出程序。循环意味着要将重复的工作总结抽象出来，这个难度大了很多。循环可以嵌套使用，循环里还有循环。在这种情况下，烧脑的程度会进一步大幅度提升，我们来试着挑战下面的几个任务。

12.1　100~200 中的质数

循环看上去并不是很难理解，但是循环的加入使得程序越来越复杂，因此，编写程序的过程也越来越烧脑。你要找到不断重复的任务，在这个基础上抽象出循环，所以加入了循环后，程序会变得比过去更加抽象和难以理解。很多时候，我们不得不从计算机的角度，跟随着程序一步步地运行，寻找问题。

瑞说："到现在一切还好。"

在循环体中，我们还可以再加入循环，这叫作"循环嵌套"，分为外层循环和内层循环。假设外层循环 100 次、内层循环 10 次，那么，外层循环每执行 1 次，内层循环就会执行 10 次，这意味着内层循环最终将执行 1000 次。

我们写过判断一个数是否为质数的程序，现在利用循环嵌套求出一个范围内的质数有哪些。用一个外循环来生成 100~200 的数字；内层循环的逻辑跟上一个程序是一样的，如果判断它是质数，我们就将这个数输出显示。

代码 12-1

```c
#include<stdio.h>
int main(){
    for(int i = 100 ; i <= 200 ; i ++){
        int f = 1 ;
        for(int j = 2 ; j < i ; j ++)
        {
            if(i%j==0){
                f = 0 ;
                break ;
```

```
            }
        }
        if(f){
            printf("%d ",i) ;
        }
    }
}
```

显示结果如图 12-1 所示。

图 12-1 代码 12-1 的显示结果

瑞说："我觉得直到现在，程序才体现出它的价值。"

很多程序并不是只有一种写法，我指的不是 C 语言和 C++ 语言之间的区别。很多任务是有多种解题方法的，逐步试着在一道题目上寻找更多的解决方案，可以训练思维能力。不同的实现方法在运行效率或内存占用上可能会有区别。优秀的程序员会寻找最佳的解决方案。针对这个程序，我们换一种写法。

代码 12-2

```
#include<stdio.h>
int main(){
    for(int i = 100 ; i <= 200 ; i ++){
        for(int j = 2 ; j < i ; j ++)
        {
            if(i%j==0){
                break ;
            }
            if(j==i-1){
                printf("%d ",i) ;
            }
        }
    }
}
```

体会一下这种写法。内循环结束的实际条件是 j==i-1，如果到这一刻，那么内循环依然没有 break，那就意味着没有除开的现象发生，这样也能判断这个数是质数。再体会一下这两种写法各自的优缺点是什么。

12.2　画出一个矩形

早期的计算机是字符界面的，显示不出精细的图形，但这不妨碍程序员自娱自乐。早期的程序员喜欢在字符界面上用字符画出各种各样的图形，利用双层循环让图形呈现出有规律的美。如果你能理解一些数学公式和函数，就能画出很多令人震撼的效果。

我们从最简单的开始，用*画出一个 4 行 5 列的矩形。

很明显，这个任务有规律：\n 是换行，4 行意味着需要输出 4 个\n。可以用一个循环，循环 4 次输出\n 进行换行。在每次换行前要输出 5 个*，也可以用循环。

```
代码 12-3
#include <stdio.h>
int main() {
    for(int i = 0 ; i < 4 ; i ++){//循环出行数
        for(int j = 0 ; j < 5 ; j ++){//在每行画 5 个*
            printf("*") ;
        }
        printf("\n") ;
    }
}
```

显示结果如图 12-2 所示。

图 12-2　代码 12-3 的显示结果

瑞说："用字符画图形一定会用到两层循环的嵌套，外层管换行，内层管每行各个项目的显示。"

12.3 画出一个三角形

画出一个三角形，如图 12-3 所示。

图 12-3　三角形

一共有 5 行，外层循环 5 次，每行显示*的数量不同，但是能看出规律，每行*的数量和行数相同，所以内层循环的次数不固定，循环的次数等于行数，而行数就是外层循环的变量。

代码 12-4

```
#include <stdio.h>
int main() {
    for(int i = 0 ; i < 5 ; i ++){//循环出行数
        for(int j = 0 ; j <= i ; j ++){//在每行画 i 个*
            printf("*") ;
        }
        printf("\n") ;
    }
}
```

注意：内层循环条件是 j<=i，不能是 j<i 。

画一个反过来的三角形，如图 12-4 所示。

图 12-4　反三角形

思考：内层循环先要输出足够数量的空格，第一行是 4 个空格，第二行是 3 个空格，以此类推。我们要根据行数计算一下空格的数量。

代码 12-5

```c
#include <stdio.h>
int main() {
    for(int i = 0 ; i < 5 ; i ++){//循环出行数
        for(int j = 0 ; j < 5-i ; j ++){//输出空格
            printf(" ") ;
        }
        for(int j = 0 ; j <= i ; j ++){//显示*
            printf("*") ;
        }
        printf("\n") ;
    }
}
```

瑞说："如果显示*的时候多显示一个空格就是这样的效果（图 12-5）。"

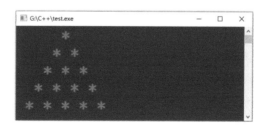

图 12-5　正三角形

瑞说："这个太有意思了，我可以画出倒着的三角形，还有菱形。"

12.4 九九乘法表

显示出下面的这个九九乘法表：

1×1=1

1×2=2　2×2=4

1×3=3　2×3=6　3×3=9

1×4=4　2×4=8　3×4=12　4×4=16

1×5=5　2×5=10　3×5=15　4×5=20　5×5=25

1×6=6　2×6=12　3×6=18　4×6=24　5×6=30　6×6=36

1×7=7　2×7=14　3×7=21　4×7=28　5×7=35　6×7=42　7×7=49

1×8=8　2×8=16　3×8=24　4×8=32　5×8=40　6×8=48　7×8=56　8×8=64

1×9=9　2×9=18　3×9=27　4×9=36　5×9=45　6×9=54　7×9=63　8×9=72　9×9=81

显示九九乘法表意味着我们必须要有 9 行，需要输出 9 个换行（\n）。先使用一个循环，每循环一次都输出一个换行，可以理解成每循环一次，我们显示一行内容。虽然第 1 行只有一项内容，但是随着行数的增加，每一行要显示的内容同时也在增加，因此，在最后一行，我们一共要显示 9 组内容。为了显示每行的内容，我们还需要一个新的循环，可以把它理解成负责列的显示，那么负责行的循环是外层循环，负责列的循环是内层循环。内层循环的循环次数是变化的，但是这个变化有规律，其循环次数跟行数一致。

瑞说："这和用*显示三角形的程序，道理是一样的。"

如果我们使用的是 for 循环，外循环用变量 i 来控制，i 从 1 逐渐增加到 9，那么恰好 i 的当前值就是内层循环的次数。假设内层循环的控制变量是 j，如果我们把 j 的初始值设为 1，让 j 循环到 i，那么就恰好控制了行的数量和每行中列的数量，同时 i 和 j 的当前值恰好与显示的内容有关。

这个程序一定要靠自己的努力编写出来，如果不能，也一定要参考我提供的程序多写几遍，熟练掌握。

```
代码 12-6
#include <stdio.h>
int main() {
    for(int i = 1 ; i <= 9 ; i ++){
        for (int j = 1; j <= i; j ++) {
            printf("%d*%d=%d  " , j , i , i*j) ;
        }
        printf("\n") ;
    }
}
```

显示结果如图 12-6 所示。

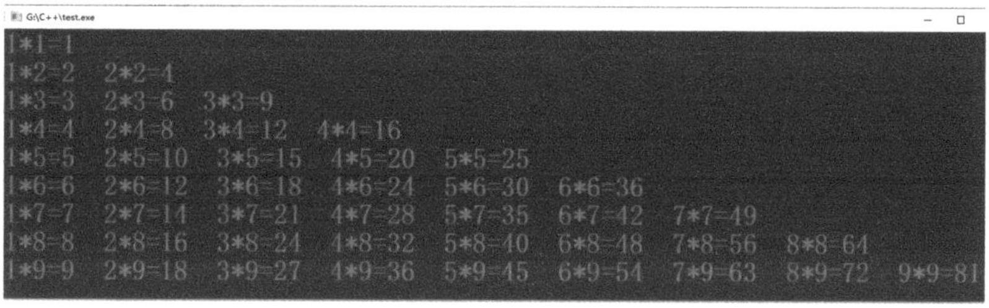

图 12-6 代码 12-6 的显示结果

12.5 陶陶摘苹果

"陶陶摘苹果"是 2005 年 NOIP（National Olympiad Informatics in Provinces，全国青少年信息学奥林匹克联赛）普及组试卷中的第一道题。为了让大家熟悉 NOIP 的题目样式，我将比赛的题目描述照搬下来，如图 12-7 所示。

NOIP 的每道题目都包含题目描述、输入格式、输出格式和输入输出样例。很多同学遇到的第一个挑战是不愿意去读晦涩的文字，而这些题目的描述通常没什么趣味性。当然，在学校里的数学考试题目也是这样的，所以我们需要训练自己，提高对晦涩文字的阅读能力。

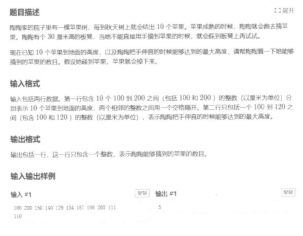

图 12-7　2005 NOIP 普及组试卷中的第一道题

瑞说："这些题目的废话太多了。"

第二个挑战是，我们平时看书时习惯性地一目十行，只要明白意思就可以了。但数学考试和编程算法的比赛，题目是非常严谨的，可能变动几个字，就会变成另外一道题。考试的时候马虎，通常就体现在这里，所以也要训练自己一个字一个字地去读题。

首先看输入格式，这里描述了程序将要接收什么样的数据，包括数据的顺序和格式。其中有一个重点，即题目会规定数据范围。这很重要，因为比赛的题目会设置很多陷阱，有不少陷阱在数据范围里。你要看清楚，边界是否是包含的，是否有负数，是否有超出了数据范围的数字。

其次，你要注意输出格式部分，这直接决定了你的程序是否能得分。很多时候虽然程序运行得完全正确，但往往一不小心多了一个空格，结果就是 0 分。

最后一个部分是输入输出样例，你可以使用这个样例来测试你所编写的程序是否正确。每道题目通常会有 10 组输入输出测试。在 NOIP 中，每通过一组测试数据将得到 10 分，这样每道题总共 100 分。题目的陷阱，通常就被设置在这些测试数据中，所以常常会出现虽然我们的程序写正确了，但只能得 60 分、70 分的现象。正是因为有一些特殊的数据，没有办法通过测试。

瑞说："输出时直接复制样例格式是个好主意。"

下面分析一下这道题。一共有 10 个苹果，每个苹果离地面的高度，是通过输入的第一行 10 个数据来表示的，这意味着我们需要接收 10 个整数数字。数据的大小范围并不过分，看来需要一个大小为 10 的整数数组。第二行有一个数字，表示陶陶能够够到的最大高度，需要一个变量来接收这个高度。对照一下输入输出样例，看起来理解正确，到此我们程序接收输入的部分就清楚了。

再来分析一下程序的逻辑部分。陶陶有一个凳子 30 厘米，这意味着陶陶能够够到的最大高度是输入的那个高度加上 30 厘米。苹果的高度存储在数组里，所有超出这个高度的苹果都是摘不到的。因此，需要通过循环，去找到数组中每个高度并且做比较：如果苹果的高度小于陶陶能够够到的高度，那么这个苹果就能被摘到。因为要输出的是能够摘到苹果的数量，所以我们需要一个变量来记录能够摘到的苹果数量，并要在程序的最后把这个数量输出。

瑞说："认真看，这道题感觉并不难。"

代码 12-7

```
#include<stdio.h>
int main(){
    int apples[10];//10 个苹果的高度
    int height;//手伸直可以够到的最大高度
    int count=0;//摘到的苹果个数
    for(int i=0;i<10;i++){
        scanf("%d",&apples[i]);//输入 10 个苹果的高度
    }
    scanf("%d",&height);//输入手伸直可以够到的最大高度
    height+=30 ;//加上凳子的高度
    for(int i=0;i<10;i++){
        if(apples[i]<=height){
            count++;
        }
```

```
    }
    printf("%d",count);
}
```

思考：在这里，我们第一次将循环和数组组合在一起使用。在这个过程中，我想你能够理解 C 语言发明者的良苦用心。数组被设计成依赖数字下标来访问每个变量，而 for 循环恰好能够轻松地生成连续变化的数字。for 循环和数组简直是绝配，在程序中有大量的 for 循环和数组的结合应用。

12.6 级数求和

再来一道符合比赛格式的题目，如图 12-8 所示。利用你所学的知识，尝试着写出程序。

题目描述　　　　　　　　　　　　　　［］展开

已知：$S_n = 1 + 1/2 + 1/3 + ... + 1/n$。显然对于任意一个整数 k，当 n 足够大的时候，$S_n > k$。

现给出一个整数 k，要求计算出一个最小的 n，使得 $S_n > k$。

输入格式

一个正整数 k。

输出格式

一个正整数 n。

输入输出样例

输入 #1	复制	输出 #1	复制
1		2	

说明/提示

【数据范围】
对于 100% 的数据，$1 \leq k \leq 15$。

图 12-8　符合比赛格式的题目

代码 12-8

```c
#include <stdio.h>
int main() {
    int k , n = 1 ;
    double sum = 1 ;
    scanf("%d" , &k) ;
    while(sum<=k){
```

```
        n ++ ;
        sum += (float)1/n ;
    }
    printf("%d" , n) ;
}
```

注意：你注意到数据范围了吗？如果定义的 sum 是 float 类型的话，那么这个程序就不完全对。因为当 k 比较大时，float 是没有办法装下结果的，所以我用了 double。想将一个程序完全写对，是要小心处理边界和特殊情况的。

第 13 章

二维的世界

有没有感觉循环和数组是天生的一对？只要把大量的数据存储在数组中，把处理数据的代码放到循环中，程序就能疯狂地处理数据了。其实数组本身也可组合，也就是二维数组、三维数组、四维数组。程序本质上是在模拟这个世界的运转。从这点来看，变量是点，数组是线，二维数组就是这个世界里的平面。比如，照片在计算机里就是用二维数组的形式存储的。

13.1 二维数组是骗人的

加上了循环和数组，编程的难度一下子提升了一个级别。因为循环是对规律的抽象总结，数组也比单独声明变量更加难以驾驭，循环嵌套进一步增加了逻辑的难度。我们第一次接触循环嵌套是为了显示二维的字符图。为什么显示二维的图形要使用循环嵌套？因为需要内层循环显示每行的各个项目，而外层循环负责控制行。所以当程序中出现二维显示、有行有列时，两层的循环嵌套就是最好的解决方案。我们可以理解成一层循环负责处理一维的一组线性数据，由此可见，一层循环和数组是绝配。C 语言提供了二维数组，你可以将二维数组理解成有行有列的表格。两层循环负责处理二维的表格数据。

瑞说："二维数组和循环嵌套是配合使用的。"

定义一个 10 行 10 列的二维数组可以这样写：

```
int arr[10][10] ;
```

其实 C 语言在实现过程中，并没有一个特殊的机制来实现二维数组。二维数组仅仅是逻辑上的一个定义，对于人而言是二维数组，对于计算机而言还是一维数组的存储。二维数组在内存中就是一维数组，刚刚声明的那个二维数组利用 C 语言编译后，就是一个大小为 100 的一维数组。体会一下这种感觉，C 语言很像是计算机和人之间的一个桥梁，既要让人容易理解，又要找到计算机程序具体的实现方式。

我们已经知道，对于一个变量 a，放在等于号右边使用的是变量 a 里面存储的值，放在等于号左边使用的是这个变量的内存地址，在 scanf 中使用 &a 取得了变量的内存地址。如果用 int arr[10] ;声明了一个数组，在等号右边，数组的第一个元素的内存地址是 &arr[0]，arr 也是一个内存地址，就是第一个元素的内存地址。我们也可以这样理解，arr[0]这个写法是取出 arr 这个内存地址上的值，arr[1]是 arr 这个内存地址之后的第二个元素的值。

二维数组和内存变量的关系就复杂了。如果写作 int arr[3][3];，那么 arr 是第一个元素的地址。如果我们将 arr[0]当作一个整体来看，这也是第一个元素的地址。

探索：写程序显示 arr、arr[0]和 &arr[0][0]，看一下这三个地址是什么。

代码 13-1
```
#include <stdio.h>
int main() {
    int arr[3][3] ;
    printf("%x\n%x\n%x " , arr , arr[0] , &arr[0][0] );
}
```

显示结果如图 13-1 所示。

图 13-1　代码 13-1 的显示结果

瑞说："arr、arr[0]和 &arr[0][0]的显示结果是一样的。"

它们都指向数组第一个元素的地址。所以 arr[0][0]中，最后一个[0]才是用来在数组中取值的。还记得在讲解一维数组时，用 arr+1 来取得第二个元素的地址，那么二维数组可以这样操作吗？

代码 13-2

```c
#include <stdio.h>
int main() {
    int arr[3][3] ={{1,2,3},{4,5,6},{7,8,9}} ;
    printf("%d " , (arr+1)[0][0] );
}
```

瑞说： "结果是 4，第二行的第一个数。"

思考： (arr+1)[0][0]这个写法和 arr[0][0]的区别是什么？arr+1 的显示结果是 4，也就是说，arr+1 让地址直接向后跳了一大格。如果我们将二维数组想象成二维的表格数据，那么数组的地址加 1 就加了一行。

将加 1 的位置改变一下，变成(arr[0]+1)[0]，结果显示 2。

瑞说： "在这个位置上加 1，规则变成了一个单元格一个单元格地增加。"

我们来试一下(arr[0]+3)[0]。要知道数组的下标都是从 0 开始的，3 超出了定义范围，因此这个程序运行自动跳到第二行的第一个显示，结果为 4。

瑞说： "所以第二行在内存中是接在第一行后面的。"

我们验证了二维数组在内存中事实上是用一维数组的方式存储的。在逻辑上是这样的：

第一行		
第二行		
第三行		

实际上是这样存储的：

第一行			第二行			第三行		

二维数组的定义仅仅是为了方便程序员操作，我们知道这个原理就好。在实际操作中使用二维数组访问第 2 行第 3 列，我们会写作 arr[1][2]。

13.2　翻转照片

在生活中，我们常常会用手机拍一些照片。照片在计算机里本质上是像素点的二维数组。我们对照片进行的左右、上下的翻转，以及 90° 旋转，都是针对二维数组的操作。假设照片存储的数据是这样的：

1	2	3	4	5
6	7	8	9	10
11	12	13	14	15
16	17	18	19	20
21	22	23	24	25

现在要用程序将这个照片左右翻转。假设照片是一个 5 行 5 列的二维数组，左右翻转意味着第一列的数字和第五列的数字交换，第二列的数字和第四列的数字交换。第一列、第二列的数组下标容易获得，第四列、第五列的数组下标需要用计算的方式获得，需要琢磨一下如何计算。

两层的循环嵌套必不可少，外层负责行的循环，内层确定一行中的每个元素。数字交换的方法，我想你已经知道了。因为在一行中交换的两个数字是对应的，第 3 列不需要交换，所以我们不需要循环 5 次，循环 2 次就可以了。

分析到这里，你应该能够自己将程序写出来了。

代码 13-3

```
#include <stdio.h>
int main() {
    int arr[5][5] ={{1,2,3,4,5},{6,7,8,9,10},{11,12,13,14,15},
{16,17,18,19,20},{21,22,23,24,25}} ;
    //交换
    for(int i = 0 ; i < 5 ; i ++){
        for(int j = 0 ; j < 5/2 ; j ++){
            int t = arr[i][j] ;
            arr[i][j] = arr[i][4-j] ;
            arr[i][4-j] = t ;
        }
```

```
    }
//显示交换后的结果
   for(int i = 0 ; i < 5 ; i ++){
       for(int j = 0 ; j < 5 ; j ++){
           printf("%d  " , arr[i][j]) ;
       }
       printf("\n") ;
   }
}
```

显示结果如图 13-2 所示。

图 13-2　代码 13-3 的显示结果

瑞说："我可以试试上下翻转。"

13.3　邪恶的指针

前面很多地方都提到内存地址的概念，我们也知道如何求出变量的内存地址。变量本质上就是一个内存地址的别名。内存地址是一个数字，既然是数字，我们就可以对它进行操作。

学习数据类型的时候，我们了解到数据类型实际定义了两件事情：第一，这个数据在内存里占用空间的大小；第二，这个数据类型在运算时遵守的规则。整数和小数、正数和负数在计算机具体运算时，使用了完全不同的运算方法。从这个角度来看，内存地址本质上是一种数据类型。思考一下，对于内存地址这样的数据类型，我们可能对它进行的运算是什么？

数据类型和变量是紧密关联的，一定会有基本的声明变量、赋值、取值和运算等部分。如何通过变量里的内存地址存取数值，那将是这种数据类型的特有操作。

数组的名字就是一个内存地址，如果将数组名字这个内存地址加 1，那么它会跳到下一个元素。这意味着只要数组的数据类型不同，数组为了跳到下一个数据时所增加的位置就会不一样。所以内存地址的操作没那么简单。在保存内存地址时，不但要知道我们保存的是一个内存地址，还要知道这个内存地址中存储的数据具体是什么类型，这样操作内存地址才会更有针对性。

因此，声明、存储内存地址变量时，我们要说明两件事情：首先，这个内存地址保存的数据类型是什么；其次，这是一个内存地址。在 C 语言中声明一个内存地址变量，是这样写的：int *p ;。这样声明的变量 p 中将存储一个内存地址，这就是指针变量。在声明的时候，用*告诉计算机，p 所存储的内存地址中将存储一个整数。强调一下，p 变量的数据类型不是 int，而是 int*。如果使用 printf 进行格式化的打印，则指针变量使用的是%p，而不是%d。

给指针变量赋值，只能赋给它一个内存地址，既不能是数字，也不能是单纯的变量名。

```
int a = 10 ;
int *p = &a ;
```

以上是正确的写法。需要注意的是，上面的两行代码分别定义了两个变量：一个是 a，一个是 p。a 变量中存储的是数字 10，p 变量中存储的是 a 变量的内存地址。

来看几个错误的写法：int *p = 100;不对，因为指针变量不能存储数字;int *p = a;也不对，因为 a 放在等号右边等同于一个数字;int a = 10 ; char *p = &a ;指针变量指向的内存地址和这个内存地址中存储的数据类型不相符，因此也不对。

瑞说：**"指针就是一个变量，存储地址的变量。"**

面对指针变量，我们不仅要对它进行赋值和取值，还要能够对它指向的那个内存地址进行赋值和取值的操作，且依然使用*号。

```
代码 13-4
#include <stdio.h>
int main() {
    int a = 10 ;
    int *p = &a ;
    printf("%d\n" , *p) ;
    *p = 100 ;
    printf("%d\n", a) ;
}
```

观察一下这个程序，我们会发现 a 和*p 是联动的：a 变量的值改变了，*p 的值也会改变，反之亦然。这是因为这两个变量都指向了内存的同一个地方。

瑞说：**"所以*p 和 a 在内存里其实是同一个东西。"**

*是个神奇的操作符，只要在它后面提供一个内存地址，*就能提取出这个地址上的值。还记得数组名是一个内存地址吧？我们来试试提取它的值。

```
代码 13-5
#include <stdio.h>
int main() {
    int arr[3] = {10 , 20 , 30} ;
    printf("%d\n" , *arr) ;
    printf("%d\n", *(arr+2)) ;
}
```

指针变量是 C 语言的灵魂。如果没有指针变量，我们就只能通过变量来操作内存。变量在声明时就被绑定在了一个内存地址上。你可以操作这个变量位置上的值，但是不能让这个变量绑定到新的内存地址上。而指针变量可以在运行的过程中被绑定到新的内存地址上，这给程序编写带来了非常大的灵活性。例如，当我们要针对很多不同的变量进行相同的操作时，指针变量的好处就被体现了出来。

理论上，指针变量可以指向计算机内存的任何一个地方。也就意味着通过指针变量，我们可以修改内存的任何一个位置。这个功能太强大了，编程高手们对此爱不释手，但给初学者带来了巨大的风险。要知道在内存里不仅仅存储着需要操作的数据，我们的程序或是别人的程序在运行时也被存储在内存里。

计算机的操作系统作为一个特殊的底层程序，也在内存里。在编写程序时，如果指针变量指向的内存地址没有被控制好，那它很有可能会指向其他地址，甚至指向操作系统。这样就可能破坏内存中其他位置的内容，一些别有用心的编程高手——比如黑客——甚至会有意这么做，也就是编写病毒程序，以此来侵入其他程序。

随着计算机科学越来越成熟，更先进的操作系统出手"干预"了这件事情：将用户所编写的程序锁定到了内存中的一个区域，防止程序员肆无忌惮地去修改内存的这一指定区域。但是聪明的黑客总是会想办法来突破这个限制。所以现代的很多新的编程语言取消了如此强大的指针变量，改用了其他形式来实现相关的功能：一方面降低了新手犯错的可能性，另一方面也阻止了高手干坏事的行为。但是仍然有很多计算机高手一直钟爱 C 语言，因为虽然和很多新的编程语言相比，C 语言编写程序的难度更大，但是像指针变量这样的特殊设计，赋予了程序员做更多事情的可能性。

最后想想，如果是你发明的 C 语言，你会设计指针变量吗？

第 14 章

团队作战

如果很多人合作编写同一个程序，那就需要进行分工。支持分工的语法，在很多编程语言中被称为函数。函数这个名词来自数学，但是人们很快就发现函数的更多巧妙用法，使得函数的能力超出了数学范畴，也超出了团队合作的范畴。在编写复杂程序时，人们喜欢将功能分割开，一个函数实现一个功能，最终将这些函数组装成完整的程序。因为有些函数的功能在其他的程序中也有用，就不用再重复地编写了，所以函数提供了复用程序代码的能力。其实我们一直在使用函数，比如 main() 主函数、printf() 输入函数和 scanf() 输出函数等。现在我们就来仔细讨论一下函数的语法设计，也通过几个任务感受一下对函数的使用。

14.1　Hello! 函数

到目前为止，我们学习了 C 语言的很多功能：我们可以输入和输出，也可以做各种运算，计算机会按照我们所编写的程序，一句话一句话地去执行；我们还学习了条件分支和循环。这样就构成了程序的三大结构：顺序结构、分支结构和循环结构。这个划分是基于程序运行流程的。

在学习编程的过程中，我们的关注点会经历四个阶段的变化。

第一个阶段关注编程语言提供的功能有什么。

第二个阶段关注数据，计算机的大多数功能从本质上来讲都是对数据的处理，于是我们学习了数组。

第三个阶段关注代码的执行顺序，这是程序的核心，也是体现程序员能力的核心。

第四个阶段关注如何更快、更好地编写程序。

在学习循环结构前，编写程序的意义不大，程序做的事情越多，编写程序的工作量就越大。有了循环，一段程序的功能就可以被不断重复地执行。我们发现一段程序需要被复用，而如何更好地支持程序员复用程序也成为编程语言发展的关键，C 语言提供了更加强大的代码复用功能——函数。

函数是一段程序的名字，以后只需使用这个名字就可以调用这段程序。这种情况是不是似曾相识？在开始学习 C 语言的第一天，我们在学习如何显示时就提到过，显示非常复杂，好在过去已经有编程前辈写出程序解决了这个问题，并给这段程序起了一个名字——printf。我们只需使用 printf()这个名字就可以实现显示的功能了。printf()就是函数，使用这个函数的人就是函数调用者；这个函数的编写者，就是函数提供者。今天我们来学习如何自己编写一个函数，成为函数提供者。

编写函数的好处我们已经有所体会：第一是程序可以复用，printf()一定被成千上万的程序员使用过了；第二是让几个人合作编写一个程序成为可能。试着想象一个买饮料的场景：现在我正在球场上踢球，感到口渴了，于是我停下来，和体育老师打了声招呼，然后跑到学校门口的小卖部，付钱给小卖部的老板，选好饮料，等着老板找钱给我，打开饮料喝，最后跑回球场。在现实生活中，这就可以被看成一段程序。如果我在球场边找到一个同学，把钱给这位同学，请他帮忙去买饮料。在编程过程中，这位帮忙的同学就是函数的提供者；你请他帮忙，你就是函数的调用者。买饮料的事情是他干的，你不需要知道他是如何买的饮料，只需要给他合适的钱并且最后从他手里拿到饮料就好了。因此，有了函数，很多人就可以一起编写程序，每个人把自己编写的程序定义成函数，最后调用函数，将大家写好的程序汇集成一个大的应用程序。

函数使得协作成为可能。C 语言发明者从一开始就把大多数精力放在思考如何更加方便地复用代码，以及如何更加高效地支持团队开发的协作之上。基于这个思路，程序开发领域提出了面向对象的编程思想。最早实现面向对象思想的编程语言就是 C++。面向对象思想并不会使编程语言的功能更强大，但在实现非常复杂的程序时，会让编程更加容易驾驭。当下，大多数的编程语言都是基于面向对象的，大家清楚 C++就是在 C 语言的基础上实现了面向对象的部分——C 语言是面向过程的编程语言，而 C++是面向对象的编程语言。

回到对函数的讨论，根据前面的分析，函数会有三个部分：第一，函数会有一个名字，可以通过这个名字找到特定的一段程序帮我们做事情；第二，函数会接收你提出来的特定要求，比如买多少钱的饮料、买什么口味的饮料，这个部分的信息被称为参数；第三，函数执行后，我们会得到返回值，即最终得到饮料。在程序中调用函数的格式就是：饮料 买饮料(10 元钱，可乐)。前面的"饮料"是返回值，"买饮料"是函数名，括号中是两个参数，分别是给多少钱和买什么饮料。

现在来看看 C 语言中函数的样子：假设有一个叫 max 的函数，负责在两个数中找到更大的那个，调用的样子是 int n = max(5 , 8) ;，那么 max 是函数的名字，5 和 8 是参数，这里也可以是变量，函数执行结束会返回更大的那个数字，通过 =将返回值赋值到变量 n 中。

函数在被调用前必须已经被写好了。我说过函数是给一段代码起了名字，这样方便调用，而给函数起名的部分被叫作函数声明。函数的声明和函数的调用要对应起来，所以函数声明也有三个部分：函数名字、参数和返回值。而且参数的数据类型和数量也要和函数调用一致。我现在接收用户输入的两个数，显示其中更大的那个数，并且用函数来实现。你可以根据以下程序来理解求最大值函数的声明、定义和调用。

代码 14-1

```c
#include <stdio.h>
//声明函数
int max(int a , int b){
//定义函数体
    if(a>b){
        return a ;
    }else {
        return b ;
    }
```

```
}
int main() {
    int n , m ;
    scanf("%d%d" , &n , &m) ;
//调用函数
    printf("%d" , max(n , m)) ;
}
```

瑞说："看上去，函数就是将一些程序分了出去。"

在程序的前半部分是声明和定义函数。函数名 max 前面是 int，说明函数的返回值是 int 型，一看就知道这里写的是 C 语言的数据类型。在函数中还有一个数据类型 void，意思是没有返回值。有一些函数只是做事情，不需要返回什么数据，就可以用 void。

函数名后面的小括号中放的是参数表。参数表的意思是可以有多个参数。在函数声明时需要定义参数的数据类型。用户调用函数时提供的数据就会被赋值到参数表的变量中。通过参数表变量，我们就知道传递过来的数据在函数体中是如何被有针对性地处理的。参数表中也可以没有参数，但是小括号一定要写。

在函数体中，我们看到了一个单词——return，这是用于提供返回值的语句。你是否注意到，我们写的 int main(){}看上去也像函数的样子？没错，main 就是一个函数。前面讲过，这是程序入口。main 函数的调用者是操作系统。当我们要求执行程序的时候，先是操作系统收到了指令，然后去寻找并调用我们程序中的这个 main 函数。现在我们也知道 main 函数的返回值也是 int，但问题是我们没看到 return，这是不对的。编写函数时，如果声明有返回值，函数中需要用 return 而不是 void 提供返回值。

在 max 中有两个 return，因为这个函数中有条件分支语句，所以程序会出现两种可能。我们为每种可能提供了不同的返回值。return 还有一个作用，就是见到 return 这个函数会立刻结束程序的运行，即便后面还有其他语句。

瑞问："**为什么在 main 函数中我们没有提供 return 程序也没有出问题？**"

因为函数在找不到 return 语句的情况下，会在大括号结束的位置上提供一个默认的 return 语句。如果返回值要的是 int，那么默认返回值是 return 0；。所以一直以来，我们写的代码实际上都是不规范的，在 main 函数中我们一定要写上 return 0；。在 main 函数中返回 0 是告诉调用 main 的操作系统，程序正常地结束了。

调用 max 函数时，传递的参数是变量 n 和 m，而 n 和 m 中的值是用户输入的，这样一来函数 max 中的 a 和 b 变量值也就复制了 n 和 m 的内容。

注意：重点强调一下，这个程序中一共有四个变量，其中 a 和 n 的值相同，b 和 m 的值相同。但即便值相同，你也要知道这四个变量是不同的。

探索：尝试一下，将 max 函数的代码放到 main 函数后面，然后编译运行。

瑞说："**这样不行，编译出错了。**"

编译器找不到 main 函数后面的函数，这就造成了一个问题：程序中如果有 100 个函数，那么这些函数都需要在 main 函数的前面。但是很多程序员都希望将 main 函数写在最前面。

瑞说："**我也觉得把 main 函数写在前面比较方便，这样我就能专注在主程序中。**"

在有很多函数的情况下，你还要小心梳理函数的先后顺序，因为使用函数之前必须声明。C 语言提供了方法解决这个问题，将函数的声明和函数的定义分开。

代码 14-2

```
#include <stdio.h>
//函数声明
int max(int , int) ;
```

```
//主函数
int main() {
    int n , m ;
    scanf("%d%d" , &n , &m) ;
    printf("%d" , max(n , m)) ;
    return 0 ;
}

//函数定义
int max(int a , int b){
    if(a>b){
        return a ;
    }else {
        return b ;
    }
}
```

注意：从这个程序开始，我会在 main 函数中明确地写 return 0 ;。

函数的定义没有任何变化，因为这个函数写在了调用的后面，所以需要在调用之前对函数进行声明，告诉编译器有这个函数。函数声明时参数表中没有提供变量名，虽然你也可以提供，但是这个时候参数变量名没有意义，不影响寻找函数定义，甚至参数表的变量名在函数声明时和函数定义时不一致都没关系。

14.2　参数的困局

在写程序的过程中，给变量起名字是一件让人头疼的事情。尤其是函数参数，即定义函数和调用函数在提供参数的时候，变量的意思通常差别不大，不重名挺难的，好在这两个地方是可以重名的。

代码 14-3

```
#include <stdio.h>
//声明函数
int max(int a , int b){
//定义函数体
    if(a>b){
        return a ;
```

```
    }else {
        return b ;
    }
}
int main() {
    int a , b ;
    scanf("%d%d" , &a , &b) ;
//调用函数
    printf("%d" , max(a , b)) ;
}
```

这个程序也是可以成功运行的。然而问题是，如果这样写，那么程序中一共有几个变量？

探索：我们知道如何显示变量的内存地址，通过修改程序看看这些变量的内存地址都是什么，这样我们就能判断程序中到底有几个变量。

代码 14-4

```
#include <stdio.h>

int max(int a , int b){
    printf("在 max 函数中 a 的内存地址是：%p, b 的内存地址是：%p\n" , &a , &b) ;
    if(a>b){
        return a ;
    }else {
        return b ;
    }
}

int main() {
    int a , b ;
    scanf("%d%d" , &a , &b) ;
    printf("在主程序中 a 的内存地址是：%p, b 的内存地址是：%p\n" , &a , &b) ;
    printf("%d" , max(a , b)) ;
    return 0 ;
}
```

显示结果如图 14-1 所示。

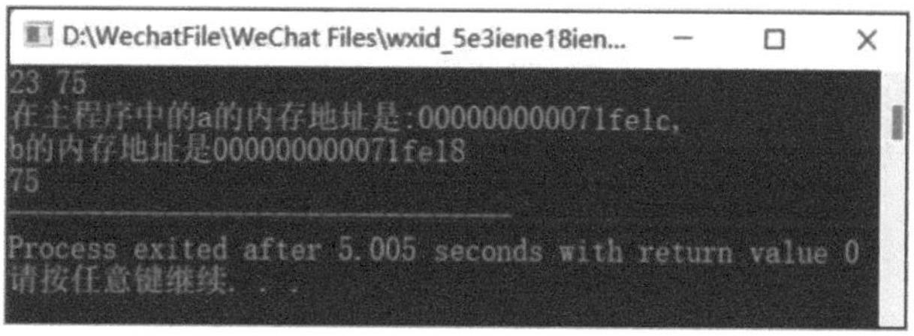

图 14-1　代码 14-4 的显示结果

运行这个程序，你会发现四个内存地址都是不同的，也就是说，这个程序还是有四个变量：两个 a、两个 b。主程序中的 a 和 max 函数中的 a 不是一个变量。那就意味着在函数中修改了参数变量的值，不会影响到调用函数时传递参数的变量。函数中的 a 和 b 就像主程序中 a 和 b 的影子一样，我们将函数参数表中的变量叫作形参，调用函数提供的参数叫作实参。

探索：写程序试一下，在形参和实参变量名相同的情况下，修改函数参数表中形参的值是否会影响到实参的值。

代码 14-5
```c
#include <stdio.h>

void func(int a){
    a = 100 ;
}

int main() {
    int a = 10;
    func(a) ;
    printf("%d" , a) ;
    return 0 ;
}
```

瑞说："a 的值还是 10，没有被修改。"

分析一下这个程序，从 main 函数开始看——因为计算机也是从这开始看的——先声明了变量 a 赋值 10，然后调用函数 func。程序进入函数中，a 的值 10 也作为参数传递到函数参数变量 a 中。要知道这是两个变量，只不过都叫 a 而已。在函数中，a 的值变成了 100，函数结束。程序回到 main 函数中继续向下执行，下一句是显示变量 a 的值，这时候，显示的是 main 函数中 a 的值，结果显示的是 10。因此，修改了 func 中 a 的值不会影响到 main 函数中的 a。func 中的 a 会随着函数运行结束而消失。

　　瑞说："就是因为这压根儿是两个不同的变量。"

　　允许参数表变量和调用时提供参数的变量重名，以及在函数中修改形参的值不影响实参，这是两个非常聪明的设计。第一个设计，编写函数和调用函数的人很有可能不是一个人，彼此之间并不知道对方所起的变量名是什么，如果不允许这种情况下变量重名，那编写程序的时候，就存在一个大问题，即调用函数的人还需要确切地知道编写函数的人起的变量名是什么；第二个设计，函数中修改形参的值，如果影响实参数，那我们就不敢轻易地调用函数了。因为我们也不知道调用之后，是否会影响我所声明的变量里面的值。所以，将函数和调用者之间的变量隔离开，这个规则是合理的。

　　瑞说："只要考虑到编写函数和调用函数的不是同一个人，就好理解了。"

14.3　在函数中指针的特别功效

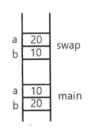

　　可是，有的时候我们确实希望函数能帮我们去修改调用时变量中的值，那该怎么做呢？

　　现在的任务是写一个函数，将两个实参变量的值交换过来。

```
代码 14-6
#include <stdio.h>

void swap(int a , int b){
    int t = a ;
    a = b ;
    b = t ;
}


int main() {
```

```
    int a = 10 , b = 20;
    swap(a , b) ;
    printf("a:%d,b:%d" , a , b) ;
    return 0 ;
}
```

瑞说: "这么做是交换不了的。"

分析一下为什么。在主函数中,a 中原本存储的值是 10,b 中原本存储的值是 20。这时将 a 和 b 作为参数传递到 swap 函数中,swap 函数中的变量 a 和 b 被赋值 10 和 20。需要注意 swap 函数中的 a 和 b 是新的变量,并不是 main 函数中的 a 和 b。在 swap 函数中,我们交换了 a 和 b 的值,main 函数中的 a 和 b 的值没有任何变化。swap 函数运行结束后,swap 函数中的变量 a 和 b 消失。这时,main 函数中的 printf 语句显示 a 和 b 的值,我们看到的依然是原本的 a=10,b=20。

如果我就是想在 swap 函数中修改 main 函数中 a 和 b 的值,可以做到吗? 好在我们刚刚学习过指针,交换不了的问题的核心是 swap 函数中的 a 和 b,不是 main 函数中的 a 和 b,所以在 swap 函数中无论做什么都改变不了 main 函数中的变量。指针变量中存储的是内存地址,并且指针变量允许我们去修改指向的那个内存地址中的值,所以我们可以将程序修改成这样:

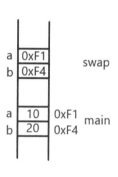

代码 14-7

```
#include <stdio.h>

void swap(int *a , int *b){
    int t = *a ;
    *a = *b ;
    *b = t ;
}

int main() {
    int a = 10 , b = 20;
    swap(&a , &b) ;
    printf("a:%d,b:%d" , a , b) ;
    return 0 ;
}
```

swap 函数的形参变为指针变量，接收内存地址，在函数体内使用*对指向的内存地址中的值进行操作。调用 swap 函数时传递的就不是 a 和 b 的值，而是 a 和 b 变量的内存地址。进一步分析，在 main 函数中，变量 a 和 b 中存储的是整数 10 和 20。虽然 swap 函数的形参也叫 a 和 b，但是和 main 函数中的 a 和 b 完全不同，这里存储的是 main 函数中 a 和 b 的内存地址。所以我们通过修改内存地址，使 main 函数中的变量 a 和 b 的值也被修改了。

瑞说："通过指针去修改那个地址上的数据，实现了修改实参的功能。"

14.4　引用才是进化方向

C 语言还提供了第二种方式实现这个功能。

```
代码 14-8
#include <stdio.h>

void swap(int &a , int &b){
    int t = a ;
    a = b ;
    b = t ;
}

int main() {
    int a = 10 , b = 20;
    swap(a , b) ;
    printf("a:%d,b:%d" , a , b) ;
    return 0 ;
}
```

这个做法和指针的做法相比，变动更小，只是在 swap 函数参数表的变量前加上&符号，这不是取地址的意思。在 C 语言中，声明时加上&符号叫引用。引用并没有真的声明了一个变量，只是给已有的一个变量重新命名了

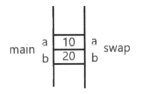

而已。新的 a 和 b 就是一个别名，因此这个程序中只有两个变量。因为此时 swap

函数中的 a 和 b 就是 main 函数中的 a 和 b，所以只需在 swap 函数中修改 a 和 b 的值，main 函数中的变量值也会被改变。我们写程序来验证一下起别名的这个说法。

```
代码 14-9
#include <stdio.h>

int main() {
    int a = 10 ;
    int &n = a ;
    n = 100 ;
    printf("a:%d\n" , a) ;
    printf("n 的内存地址：%p, a 的内存地址%p\n" , &a , &n) ;
    return 0 ;
}
```

瑞说："没错，a 和 n 的内存地址是相同的。"

在这个程序中，n 是对变量 a 的引用，修改 n 的值，a 的值也会被修改。显示 n 和 a 的地址会发现两者地址相同，说明内存中 n 和 a 就在同一个地方，只是现在这个地方有两个名字。引用有两个好处：一是节约了内存，使用引用并没有增加内存申请；二是运行速度快，因为没有了分配内存空间、赋值、清除内存空间这一系列操作。但是引用也有局限性，引用只能在声明时给它赋值一个变量名，不能赋值数字，如 int &n = 100;是不被允许的。另外，引用不能在声明过后，重新让它绑定到另一个变量上。

```
int a , b ;
int &n = a ;
&n = b ;//这样不行
n = b ;//这样能够运行，但是意思变了，就是将 b 的值赋值给 n，也就是赋值给 a
```

引用在很大程度上可以替代指针的部分功能。与指针相比，引用不会胡乱地指向其他内存地址，所以引用比指针更安全。很多 C 语言之后的编程语言，极力地推崇引用，甚至取消掉了指针。但对于使用 C 语言的程序员来说，指针还是要好用一些。

14.5　用数组做参数

我们知道，数组的本质就是一堆变量。那么在函数的参数传递过程中，我们也是能够传递数组的，只是传递数组有一些额外的规则。

数组作为参数被传递的过程中，在函数声明时，不需要说明参数表中声明的数组大小，写作 void func(int arr[]);，: 就可以了。从发明编程语言的角度上来看，这样做的好处是为了让编程更加灵活，如果我们要求函数定义时需指定数组大小，就意味着调用这个函数时必须传递相同大小的数组作为参数。在程序中通常会用循环来自动地处理数组，数组大小的不同通常不会影响到程序的逻辑。如果提供的函数不指定参数的数组大小，函数就能适应更多的情况。

调用函数时，作为参数的数组只需传递数组名就可以了。

```
int arr[10] ;
func(arr) ;
```

瑞说："arr 是内存地址，这是传递了一个内存地址呀？"

是的，所以数组参数并没有复制整个数组的值到函数中，只是将数组的地址传递过去了，这是不是特别像前面讨论的传递指针或引用？

*探索：*你是否有办法写一段程序来判断数组传递用了指针的方式还是引用的方式？如果是指针的方式，函数中数组的地址和调用函数作为参数的数组地址应该不一样，而引用的方式、地址是一样的。

代码 14-10
```
#include <stdio.h>
void func(int arr[]){
    printf("%p\n" , arr) ;
}
int main() {
    int arr[10] ;
    printf("%p\n", arr) ;
    func(arr) ;
```

```
    return 0 ;
}
```

瑞说：**"这两个地址是相同的。"**

说明数组的参数传递复制了数组的地址到函数中，这很像用了引用的形式。这是数组传递效率最高的解决方案。如果数组很大，用复制每个元素的方式传递，既要消耗大量的时间，又要浪费大量的内存。

瑞说：**"用这种方式只复制了数组的地址。"**

从这个角度看，函数声明时确实不需要定义数组大小，只要让编译器知道这里需要一个数组就好了。

数组进行函数参数传递时，仅仅复制了地址。于是我又想到这就意味着在函数中修改变量的值，实参的值也会发生改变。

探索：写程序验证一下，在函数中可以改变实参的值。

代码 14-11

```c
#include <stdio.h>
void func(int arr[]){
    arr[0] = 100 ;
}
int main() {
    int arr[10] ;
    arr[0] = 10 ;
    func(arr) ;
    printf("%d" , arr[0]) ;
    return 0 ;
}
```

瑞说：**"看来和我们预想的一样，修改形参，实参也会变化。"**

14.6　判断质数

实现函数：判断一个整数是否是质数，并且在主函数中调用该函数。判断质数的算法我们学过，这里主要是熟悉函数的用法。判断结果需要有返回值，你还记得 0 是假，非 0 是真吧？

代码 14-12

```c
#include <stdio.h>
int isPrime(int num){
    for(int i = 2 ; i < num ; i ++){
        if(num%i==0){
            return 0 ;
        }
    }
    return 1 ;
}
int main() {
    int num ;
    scanf("%d" , &num) ;
    if(isPrime(num)){
        printf("是质数") ;
    }else {
        printf("不是质数") ;
    }
    return 0 ;
}
```

注意： isPrime 函数中判断的方法和我们之前所学的有些不同。在之前判断质数的程序中，我们用了一个标志变量，而这里没有用这样的一个变量，只要不是质数，我们就 return 0;。如果循环全部执行完还没有 return 0;，那么就 return 1;。这是一个聪明的方法，重复利用了 return 对于程序流程的控制。

这个程序还可以优化。很多经典的编程算法都是对前人所编程序优化的结果。有些优化方案十分精彩、聪明，想出这样算法的人因此获得了计算机领域的奖项，甚至也会用发明该算法的人的名字来命名这个算法。

判断一个数是否是质数,不需要用它除以 2 到这个数减 1,比如判断 100 是否是质数,你会发现除数过了 50,余数就不可能是 0 了。知道了这一点,在循环时我们至少可以省掉一半的操作。事实上,如果再多了解一点数学知识,就会发现也不用尝试一半,尝试到这个数的平方根就可以了。如果有兴趣的话,可以自己研究一下。

瑞说:"过了这个数的一半,就不可能除开了,这样处理效率提高了不少。"

14.7 字符串原地逆序

实现函数:将字符串原地逆序。

代码 14-13

```c
#include <stdio.h>
#include <string.h>
int rever(char str[]){
    int len = strlen(str) ;
    int mid = len/2 ;
    len -- ;
    for(int i = 0 ; i < mid ; i ++ , len --){
        char tmp = str[i] ;
        str[i] = str[len] ;
        str[len] = tmp ;
    }
}
int main() {
    char str[1024] = {0} ;
    scanf("%s" , str) ;
    rever(str) ;
    printf("%s\n" , str) ;
    return 0 ;
}
```

在这个程序中,我使用了一个新的系统函数 string.h。在能够反转字符串的 rever 函数中,首先要知道字符串的长度,可以用 while 循环寻找字符串结尾的方法求出字符串的长度。C 语言的标准库函数也提供了求字符串长度的函数 strlen,

这个函数包含在 string.h 中，因此要在程序第一部分首先导入 string.h。

将字符串反转意味着要将第一个字符和最后一个字符交换，第二个和倒数第二个交换，以此类推。这样循环只需执行字符串长度的一半，在循环前事先算出一半是多少，可以提高程序运行的效率。除法是效率很低的运算，如果将除以 2 的运算放在循环条件中，意味着每次循环都要算一遍，所以优化的方案是在循环前一次性算出一半的结果。

同样的道理，虽然要交换的两个字符对应的数组下标可以分别用 i 和 len-i 求出来，但是用跟踪数组前后两个变量这种方式会更好。我们用 i 来跟踪前面的字符下标，用 len 跟踪后面的字符下标。对了，因为字符串多了一个 \0 的结尾符，所以使用 len 前要先减去 1。

for 循环中使用了一个逗号运算符，因此，我们可以在分号分隔出来的一个部分中同时进行两个操作。这虽然不是必需的，但是可以简化代码。

你自己练习一个新的任务：编写一个函数，实现将一个整数数组中的数逆序存储。可以在主函数中输入一个整数数组，调用上述函数，将该数组逆序存储，将结果输出。

瑞说："只是数据类型不同了。"

14.8 用函数实现求水仙花数

在前面我们已经实现了求水仙花数，把求水仙花数的操作分成了两个部分：第一是生成 100~999 的三位数；第二是将数字每位拆分出来并求出它们各自 3 次方的和。没有学习函数时，我们把这两个部分混合在一起不会有什么问题，毕竟只有两个部分。但有的程序可能会有很多部分，如果都混合在一起会让程序的结构非常混乱。所以有经验的程序员会用函数将一部分程序拆分出去，让程序结构更加清晰。

代码 14-14

```c
#include <stdio.h>
//求立方
int cube(int num){
    return num*num*num ;
}
//求每位的立方和
int narc(int num){
    int h , t , u ;//用于存储百位、十位和个位
    h = num/100 ;
    t = num/10%10 ;
    u = num%10 ;
    return cube(h)+cube(t)+cube(u) ;
}
int main() {
    for(int i = 100 ; i <= 999 ; i ++){
        if(i==narc(i)){
            printf("%d " , i) ;
        }
    }
    return 0 ;
}
```

瑞说："这下我体会到函数让程序逻辑更清晰的效果了。"

尝试实现一个新的任务：用键盘输入一个正整数，判断它是否是一个回文数。

回文数是指正读和反读都是一样的数，如 1234321 就是一个回文数。

第 15 章

管辖范围

一旦程序复杂到一定程度，声明变量时的重名问题便会令人头疼，要想办法解决这个问题。虽然要求程序员一定不要重名是一种方法，但我们是不是也可以试图在设计编程语言时解决这个问题？我们从以往的经验中可知，程序复杂后免不了会将具体细节的功能编写成函数，复杂的程序会被分解到一个个函数中。因此我们是否能够将函数中需要的变量限制在这个函数中，使得这个变量不会存在于该函数以外的地方？这样即便在程序中有其他变量和它重名，只要二者不在一个函数中，那也就没问题。这是一个绝妙的主意，而 C 语言就是这么干的，那就是变量作用域。我们来看一下变量作用域的具体规则。

15.1　神奇的大括号

你可以这样理解：变量的作用域受到大括号的控制，在一个大括号里声明的变量，只在这个大括号中有效。如果大括号前面有一个小括号，那么小括号中所声明的变量也算在这个大括号中，我们现在可以来做一个试验：

```
代码 15-1
#include <stdio.h>

int main() {
    {
        int a = 10 ;
    }
    {
        printf("%d" , a) ;
    }
    return 0 ;
}
```

瑞说："这个程序编译错误，编译器认为 a 没有声明。"

当然不大可能会有人这么写程序，但是这个程序足以证明我所说的大括号管着一个变量的作用域。在主函数中，我分别写了两个大括号，并在第一个大括号中声明了一个变量，而在第二个大括号中使用这个变量。但你会发现这个程序没法运行，错误在于编译器找不到 a 这个变量，因为在第二个大括号中变量 a 已经无效了。

```
代码 15-2
#include <stdio.h>

int main() {
    int a = 10 ;
    {
        printf("%d" , a) ;
    }
    return 0 ;
}
```

我把程序做了一些修改，这个程序是可以运行的。变量 a 声明在主函数中，也就是说，变量 a 在主函数中是一直有效的。虽然使用变量 a 的语句在另一个大括号中，但是程序中这两个大括号是有从属关系的，使用变量 a 的那条语句所处的大括号是主函数大括号中的一部分，所以 a 在其中是有效的。

15.2 大部分都是局部变量

我将程序做了进一步的修改，不仅在主函数的大括号中声明了变量 a，还在主函数大括号中的大括号里又声明了一个变量 a。这样程序中就有了两个 a，而且在第二个变量 a 声明的同时，主函数中的变量 a 也是有效的。那么两个变量 a 是否会发生冲突呢？

```
代码 15-3
#include <stdio.h>

int main() {
    int a = 10 ;
    {
        int a = 100 ; //局部变量
        printf("%d\n" , a) ;
    }
    printf("%d\n" , a) ;
    return 0 ;
}
```

　　然而，运行程序后，我们发现没问题。但是在主程序的那个大括号中，打印 a 的值，是离它最近的变量 a 的值 100；而离开了内层的大括号，再打印变量 a 的值就是 10 了。因此我们可以得出一个结论，内层的大括号是一个新的变量作用范围，在这个大括号中声明的变量，无论如何都会有效。一旦变量的名字和外面的有效变量重名，程序就会使用最近声明的变量，内层的大括号结束，其中所声明的变量就都无效了。这时如果继续使用变量，那就是这一层有效的变量。

　　虽然你知道了这样的一个规则，但是在写程序时，我们也要尽可能地避免这么做。因为我们如果需要一直清晰地知道当下所用的到底是哪一个变量，就未免太费脑子了。

　　你现在也就能理解，为什么并列的两个 for 循环可以使用同一个变量名了吧？因为这个变量只在它所在的那个作用域范围中有效。

　　探索：在嵌套的循环中，变量是否能够重名。

代码 15-4

```
#include <stdio.h>

int main() {
    for(int i = 0 ; i < 10 ; i ++) {
        for(int i = 0 ; i < 10 ; i ++){
            printf("%d " , i) ;
        }
    }
    return 0 ;
}
```

瑞说："这应该符合两层大括号的原则。"

　　两个 for 循环的嵌套中，可以把循环变量的名字都叫作 i。但是这种做法非常少见，因为内层循环运行时，外层的变量会暂时无效。循环嵌套通常会既使用内层循环的变量，也使用外层循环的变量。

瑞说：“如果变量重名，在内层循环中就不能使用外层循环的变量了。”

按照变量作用域的规则，在一个函数中声明的变量，只能在这个函数中有效。所以在不同的函数中，变量是可以重名的。

15.3 终极全局变量

C 语言允许在所有的函数外面声明变量，这样的变量在整个程序中所有的地方都是有效的，我们称其为全局变量。但如果在某个大括号中有重名的局部变量，那么在局部变量作用域中，局部变量有效。

有时，程序员会使用全局变量在不同的函数间传递数据。如果某个数据在几个函数中都被需要，这个方法就很省事。但是全局变量太强大了，如果不加限制地使用，就会造成程序中变量名的混乱，所以尽可能地克制自己不去使用全局变量是一个好的习惯。在编写程序的过程中，人们发现没有那么大的必要使用全局变量，即便在全局变量擅长的场景下，也可以用参数传递等方法解决问题，顶多麻烦一点而已，所以后来的很多编程语言直接取消了这种全局变量。我们发现编程语言的发展趋势是减少过于强大的功能。因为过于强大的功能往往也伴随着巨大的风险，所以人们绞尽脑汁地寻找更加安全的替代方案，这也间接地造成了 C 语言对于编程高手是最强大的存在这一局面。

现在我们知道了大括号管理着变量作用域。当出现一个新的大括号时，计算机会提供一个区域，其中声明的变量就放在这个区域中。如果这个大括号结束，整个区域就会连带着期间声明的变量一起取消掉，所以我们编写的 C 语言程序会随着运行，在背后默默地完成创建作用域、声明变量、清除变量、清除作用域这些工作。而全局变量就不同了，因为全局变量会一直有效，程序不需要管理它在内存中是否有效，所以理论上使用全局变量会快一些，但实际上也没快多少。

代码 15-5

```
#include <stdio.h>
```

```
int main() {
    int a ;
    int b ;
    printf("%p\n%p" , &a , &b) ;
    return 0 ;
}
```

这个程序声明了两个变量，然后显示输出了这两个变量的内存地址，在我的计算机上显示的结果是：

```
000000000062FE1C
000000000062FE18
```

在你的计算机上可能结果不同，但是并不影响我们得出的结论。这两个十六进制数相差 4，你应该能够理解这是因为 a 和 b 的数据类型是 int，而 int 类型占 4 字节。你也可以尝试一下其他的数据类型。由此，我们能够得出结论，在一个作用域中，变量会紧密排列。

现在修改程序，将其中一个变量变成全局变量试试看。

代码 15-6
```
#include <stdio.h>
int a ;
int main() {
    int b ;
    printf("%p\n%p" , &a , &b) ;
    return 0 ;
}
```

在我的计算机上显示的结果是：

```
0000000000407030
000000000062FE1C
```

很明显，这是两个完全不同的地方。计算机用一个叫作"栈空间"的结构来管理局部变量的作用域，而全局变量不在栈空间中。

15.4 静态局部变量

全局变量的缺点是程序员不好管理这个到处都有效的名字；好处是运行时不需要分配内存、清除内存，所以运行速度会快一点。有没有什么办法能做到两全其美呢？

C 语言提供了 static（静态）关键字，在局部变量声明前加上 static，这个变量就不存储在栈空间中了。在程序运行前静态变量会被分配好内存，即使作用域结束，这个变量也不会被销毁，直到整个程序结束才被销毁。同时它遵守作用域内有效的规则。这样我们在不用担心重名的同时，也能保证较快的运行速度。

瑞问："只有对速度有很高要求的时候，我们才会使用静态局部变量吧？"

代码 15-7
```
#include <stdio.h>
int main() {
    int a ;
    static int b ;
    printf("%p\n%p" , &a , &b) ;
    return 0 ;
}
```

在我的计算机上显示的结果是：

```
000000000062FE1C
0000000000407030
```

瑞说："静态局部变量存储的区域和全局变量的差不多。"
这个位置叫静态存储区。

静态局部变量在作用域结束的时候不会被销毁。那么如果程序再次来到这个作用域，静态局部变量岂不是还在？如果还在，变量中的值会被清除吗？

瑞说："我得设计一个程序，让一个局部的作用域被程序多次进入，只有这样才能验证一下这个问题。"

```
代码 15-8
#include <stdio.h>
void func(){
    static int a = 10 ;
    a ++ ;
    printf("%d\n" , a) ;
}
int main() {
    func() ;
    func() ;
    return 0 ;
}
```

这个程序的运行结果是：

```
11
12
```

看到这个结果，你得出了什么结论？

第一次进入 func 函数，声明了一个静态局部变量 a，初始值是 10，a++，这时 a 的值是 11，显示输出 a，结果是 11。程序回到主函数，变量 a 现在不可见，但是要记得变量 a 并没有消失，而是再次进入 func 函数，又一次声明了静态局部变量 a。请注意，因为这是静态局部变量，所以这里并没有再次声明变量的动作。事实上第一次进入 func 函数时，计算机也没有声明变量 a 的动作。声明静态局部变量的动作是在整个程序运行前进行的，在那一刻变量 a 被赋了初值 10。计算机再次见到这条语句，会自动忽略掉该语句。因此，第二次进入 func 函数后，直接将 a++，因此显示输出的是 12。

先自己判断下面的程序运行结果应该是什么，然后再用计算机来验证。

```
代码 15-9
#include <stdio.h>
```

```
int a = 4 ;
int f(int n){
    int t = 0 ;
    static int a = 5 ;
    if(n%2){
        int a = 6 ;
        t += a++ ;
    }else {
        int a = 7 ;
        t += a++ ;
    }
    return t+a++ ;
}
int main() {
    int s = a , i = 0 ;
    for(;i<2;i ++)
        s+=f(i) ;

    printf("%d\n" , s) ;
    return 0 ;
}
```

探索：将上述程序中 static 静态的关键字去掉，再判断一下结果是什么。

第 16 章
排排坐、分果果

这一章我们来研究一个经典的算法应用。给一堆数据排序，无论对于什么编程语言，都需要经典的算法。前面我们讨论了算法就是对运算的优化，同一个问题会有多达十几种算法。但算法有优劣之分。通常我们通过运行速度和内存占用量来评价算法的优劣。排序算法就能让我们充分地体会到不同思路产生的不同算法，以及不同算法之间的差异。

学会 C 语言编程后的第二步就是学习算法。有大量的算法值得我们学习，这些都是伟大的数学天才的研究结果。在这里，我们就先用排序算法练练手。

16.1　选择排序

到目前为止，我们学习了 C 语言的大多数语法规则，还有一些语法规则等需要用到的时候再讨论。所以从这一刻起，学习进入了一个新的阶段——用学过的 C 语言来解决问题。

编程世界中的第一个重要的问题是排序，将一堆数字按照大小顺序排列起来。排序是很多问题的基础，在历史上很长一段时间里，计算机算法科学家都在研究如何更好地排序。接下来，以下面这些数字为例来研究排序的方法。

```
32, 9, 36, 12, 2, 99, 15, 65, 76, 10
```

将这些杂乱无章的数字按从小到大的顺序排列起来，应该怎么做？如果是人来进行排序，不使用计算机，你会怎么排？

瑞说："在这些数字中找到最小的拿出来，放到第一位，再从剩下的数中找最小的数字拿出来，放到下一位。"

计算机完全可以模拟出这个过程。这十个数字在程序中一定是被存储在数组里的。我们先实现第一个功能，即在数组中找到最小的数字，这就要对每个数字都进行判断，因此少不了循环。但如何能够确定哪个数字最小呢？

在正常情况下，找到的第一个数字是 32，虽然判断不了这是否是十个数中最小的，不过到目前为止，32 就是最小的数字。

瑞说："只有一个数字，无论这个数字是什么，它都是最小的。"

找到第二个数字是 9，到目前为止 9 是最小的。在计算机里如何判断 9 最小？当然是用 if 判断语句了。这时 32 就不重要了，因为我们只需要最小的数字 9，所以可以丢掉 32。下一个数 36 比 9 大，可以丢掉，还保留 9。

如果用程序实现这个思路，就需要一个专门保存最小值的变量。用循环找到数组中的每个数，每找到一个数，就和最小值变量中的数比较一下。如果新找到的数小于变量中的数，那么就将变量中的值替换成新找到的最小数。

代码 16-1

```c
#include <stdio.h>
int main() {
    int arr[] = {32 , 9 , 36 , 12 , 2 , 99 , 15 , 65 , 76 , 10} ;
    int min = 9999 ;
    for(int i = 0 ; i < 10 ; i ++)
        if(min > arr[i])
            min = arr[i] ;
    printf("%d" , min) ;
    return 0 ;
}
```

注意：在程序中，我用了一个小技巧，即给 min 变量赋初值为 9999，以此确保这个初值大于变量中的任何一个数，这样一上来就可以进行比较了。

我们继续将找到的最小数放到新的数组中。声明一个新的数组，需要一个循环，以便在新的数组中把找到的数字一个个地向后放，同时将这个数从原来的数组中删除。我的想法是在那个数的位置上赋值 9999，这样在找最小数的时候那个数就不会被再次找到了。最后，我们需要按照顺序将新数组中的内容显示出来，这样我们才知道排序的结果是否正确。

代码 16-2

```
#include <stdio.h>
int main() {
    int arr[] = {32 , 9 , 36 , 12 , 2 , 99 , 15 , 65 , 76 , 10} ;
    int narr[10] ;
    for(int i = 0 ; i < 10 ; i ++){
        //找最小数
        int min = 9999 ;
        int index = -1 ;
        for(int j = 0 ; j < 10 ; j ++)
            if(min > arr[j]){
                min = arr[j] ;
                index = j ;
            }
        arr[index] = 9999 ;
        narr[i] = min ;
    }
    for(int i = 0 ; i < 10 ; i ++){
        printf("%d " , narr[i]) ;
    }
    return 0 ;
}
```

这个程序成功地把数字进行了排序。在编写这个程序的过程中，遇到了一个难题：虽然上一个程序能够找到数组中最小的数字，但是只找到最小的数字还不够，将最小的数字填充到新的数组的同时，还需要将这个数字从原数组中删除，否则下次循环中我们还会找到这个数字。

如果要删除最小的数字，我们就需要知道最小数字在数组中的下标。为了解决这个问题，我又声明了一个变量 index，用来存储最小数字的数组下标。在逻辑上，每次发现有数字比当前的 min 变量中的值小，我们就将 min 的值替换成当前更小的值，同时将 index 变量更改成当前的下标，这样循环结束后，min 中存储的就是数组中最小的值，而 index 存储的就是最小数的数组下标。

瑞说："下标才是我们真正想要的。"

虽然我们成功地实现了排序程序，但是这个程序还有一些优化空间。在排序的过程中，是将原数组中的数字选出来，按照顺序放到了一个新的数组中，这是否可以优化成就在原数组中排序？如果能这样做，我们就可以节约二分之一的内存空间。要知道真实的应用有可能要对几百亿大小的数组进行排序，节省二分之一的内存空间将是很可观的进步。

在整个数组中找到最小的数，我们需要将这个最小的数放在第一个位置上。问题是第一个位置上原本的数怎么处理？

瑞说："如果不想第一个数被丢掉，有一个解决方案，就是让最小的数和第一个数交换一下位置，只要最小的数放对了地方就行，至于第一个数放在哪里，并不重要。"

还有下次查找的时候，我们要跳过第一个数，或者说是跳过已经排好的数，这仍然需要两个循环嵌套：外层循环确定要填排序正确的数字的位置，内层循环负责找到剩下数字中最小的数。所以内层循环不能每次都从第一个数开始，要从排好的数字后面开始寻找。你先尝试着按照这个思路实现程序。

代码 16-3

```c
#include <stdio.h>
int main() {
    int arr[] = {32 , 9 , 36 , 12 , 2 , 99 , 15 , 65 , 76 , 10} ;
    for(int i = 0 ; i < 10 ; i ++){
        //找最小数
        int min = 9999 ;
        int index = -1 ;
        for(int j = i ; j < 10 ; j ++)
            if(min > arr[j]){
                min = arr[j] ;
                index = j ;
            }
        //交换最小数和正确位置上的数
        int t = arr[i] ;//arr[i]是外层循环确定的正确位置
        arr[i] = arr[index] ;//arr[index]是找到的最小数的位置
        arr[index]  = t ;
    }

    for(int i = 0 ; i < 10 ; i ++){
        printf("%d " , arr[i]) ;
    }
    return 0 ;
}
```

过去即便是找到最后一个数，我们还是要检测 10 次，这样优化后的程序既实现了排序，又少声明了一个数组，同时运行效率也提高了。而现在随着排序的进行，我们只需寻找剩下数字的最小数。

再想想是否还有可优化的空间？

探索：既然数组的大小是确定的，那么我们每次寻找最小数的同时其实还可以寻找最大数，将最小数放在前面，最大数交换到后面，这样我们就能减少一半的循环。

代码 16-4

```c
#include <stdio.h>
int main() {
    int arr[] = {32 , 9 , 36 , 12 , 2 , 99 , 15 , 65 , 76 , 10} ;
    for(int i = 0 , k = 10 ; i < 10/2 ; i ++ , k --){
        //循环一半，i 负责小的数，k 负责大的数
        //找最小数和最大数
        int min = 9999 , max = -1 ;
        int minIndex = -1 , maxIndex = -1;

        for(int j = i ; j <= k ; j ++){
            if(min > arr[j]){
                min = arr[j] ;
                minIndex = j ;
            }
            if(max<arr[j]){
                max = arr[j] ;
                maxIndex = j ;
            }
        }
        //交换最小数和正确位置上的数
        int t = arr[i] ;
        arr[i] = arr[minIndex] ;
        arr[minIndex] = t ;

        //交换最大数和正确位置上的数
        t = arr[k] ;
        arr[k] = arr[maxIndex] ;
        arr[maxIndex] = t ;
    }
```

```
    for(int i = 0 ; i < 10 ; i ++){
        printf("%d " , arr[i]) ;
    }
    return 0 ;
}
```

程序看上去更复杂了，但是运行效率提高了一倍。

我们一共实现了三个版本的排序程序，在这个过程中能看到算法效率的进步。算法就是解决一个问题的聪明的运算方法。最初的算法通常是通过模拟人处理这个问题的思路，将人的思路翻译成程序来实现的。随后算法科学家会找到优化算法的方案，使程序占用的内存更少，或是让运行的效率更高。有些天才的算法设计还成为经典流传下来。

将十个数字排序，就以这三个版本为例。

第一个方案外层循环 10 次，内层循环 10 次，一共循环了 100 次。

第二个方案因为在每次的外循环中，内循环的次数都会少一个，所以一共循环了 55 次。

第三个方案每次同时找了最小数和最大数，所以外层循环只需要执行 5 次，内循环每次少 2，一共循环了 30 次。

不知你是否能够从上述三个版本中体会到算法优化的效果？我们将程序运行效率称为时间复杂度，同理，将对内存空间的使用叫空间复杂度。

排序算法在程序世界里太重要了，是很多算法的基础。算法科学家一直热衷于寻找更好的排序算法，结果也真的找到了。为了与其他算法区分开，我们刚刚学过的排序算法被命名为选择排序。

16.2　冒泡排序

选择排序的内层循环扫描一遍数组找到当前合适的数字。在程序中，我们将扫描全部数字的操作叫作遍历。

全部找完后，还要将这个合适的数字放在合适的位置上。有人觉得遍历一遍，做的事情太少了，能不能多做一些事情呢？

有这样一个思路，既然我们要将数字从小到大排序，那么相邻的两个数，如果前面的数大，后面的数小，那就一定不对，所以能不能在一次循环中，将相邻的数字调整一下，让小的数字排在前面？

还是这些数字：32，9，36，12，2，99，15，65，76，10。

按照相邻数字比较交换的思路，我们遍历一遍：32 比 9 大，这两个数交换，交换后第二个数就是 32；32 比 36 小，不交换；36 比 12 大，交换……这样循环一遍的结果变成了：

```
9 , 32 , 12 , 2 , 36 , 15 , 65 , 76 , 10 , 99
```

但这个结果不对。让小的数向前移、大的数向后移这个思路没问题，无非还需要多遍历几遍。

```
9 , 12 , 2 , 32 , 15 , 36 , 65 , 10 , 76 , 99
9 , 2 , 12 , 15 , 32 , 36 , 10 , 65 , 76 , 99
2 , 9 , 12 , 15 , 32 , 10 , 36 , 65 , 76 , 99
2 , 9 , 12 , 15 , 10 , 32 , 36 , 65 , 76 , 99
2 , 9 , 12 , 10 , 15 , 32 , 36 , 65 , 76 , 99
2 , 9 , 10 , 12 , 15 , 32 , 36 , 65 , 76 , 99
```

瑞说："只要一直按这个思路做下去，就一定能成功。不同量的数据，并不确定总共需要遍历多少次。"

一共遍历了 8 次，排序才成功。将每次的排序过程放到一起观察：看其中最小的数 2，你会发现 2 每次都会向前进一步；再看看 10 更加明显，每次也会前进一步。如果将这些排列竖起来（旋转 90°）看，小的数字就像水中的气泡一样逐渐地冒了上来。因此，大家将这个排序算法形象地称为冒泡排序。

探索：用程序实现这个过程，需要两层嵌套的循环：内层循环负责相邻的两个数比较交换；外层循环确保循环继续，直到排序成功。

代码 16-5

```c
#include <stdio.h>
int main() {
    int arr[] = {32 , 9 , 36 , 12 , 2 , 99 , 15 , 65 , 76 , 10} ;
    for(int i = 0 ; i < 10 ; i ++){//最多循环10次
        for(int j = 0 ; j < 9 ; j ++){//少一个数，前后比较，最后一个数不用处理
            if(arr[j]>arr[j+1]){
                int t = arr[j] ;
                arr[j] = arr[j+1] ;
                arr[j+1] = t ;
            }
        }
    }
    for(int i = 0 ; i < 10 ; i ++){
        printf("%d " , arr[i]) ;
    }
    return 0 ;
}
```

程序运行结果：

```
2 9 10 12 15 32 36 65 76 99
```

探索：可以将每次遍历一遍的结果显示出来，看看过程变化。

代码 16-6

```c
#include <stdio.h>
int main() {
    int arr[] = {32 , 9 , 36 , 12 , 2 , 99 , 15 , 65 , 76 , 10} ;
    for(int i = 0 ; i < 10 ; i ++){//最多循环10次
        for(int j = 0 ; j < 9 ; j ++){//少一个数，前后比较，最后一个数不用处理
            if(arr[j]>arr[j+1]){
```

```
            int t = arr[j] ;
            arr[j] = arr[j+1] ;
            arr[j+1] = t ;
        }
    }
    for(int i = 0 ; i < 10 ; i ++){
        printf("%d " , arr[i]) ;
    }
    printf("\n") ;
}
for(int i = 0 ; i < 10 ; i ++){
    printf("%d " , arr[i]) ;
}
return 0 ;
}
```

显示结果如图 16-1 所示。

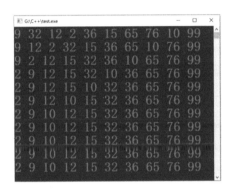

图 16-1　代码 16-6 的显示结果

瑞说："最后几次是重复的，因为早已经排好序了。"

可是程序并不知道排好了，一定要循环到 10 次。如何能够优化程序，让程序在排好序了的情况下不再进行循环了呢？

人判断排好序了，是检查一遍，发现前面的数一定会小于后面的数，这是一个办法。但如果每次遍历数组后还要再做一遍检查，不但没有提高程序的运行效率，还会让程序更慢，因此这个优化思路不可行。

第二个思路是，如果遍历一遍后发现没有做过交换，那就意味着排序成功了。如何判断没有交换？我想可以用一个标志变量，每次内层循环开始前初始化这个变量，如果遇到两个数需要交换，就修改这个标识变量的值。这样循环结束后，就可以根据标识变量的值来判断这一次内层循环是否交换过。

代码 16-7

```c
#include <stdio.h>
int main() {
    int arr[] = {32 , 9 , 36 , 12 , 2 , 99 , 15 , 65 , 76 , 10} ;
    for(int i = 0 ; i < 10 ; i ++){//最多循环10次
        int f = 1 ; //标志变量
        for(int j = 0 ; j < 9 ; j ++){//少一个数，前后比较，最后一个数不用处理
            if(arr[j]>arr[j+1]){
                int t = arr[j] ;
                arr[j] = arr[j+1] ;
                arr[j+1] = t ;
                f = 0 ;//修改标志变量
            }
        }
        if(f){//如果标志变量的值没有被修改，说明排序成功，跳出循环
            break ;
        }
    }
    for(int i = 0 ; i < 10 ; i ++){
        printf("%d " , arr[i]) ;
    }
    return 0 ;
}
```

思考：既然我们根据标志变量来判断是否结束外层循环，那么外层还不如使用 while 循环。

代码 16-8

```c
#include <stdio.h>
int main() {
    int arr[] = {32 , 9 , 36 , 12 , 2 , 99 , 15 , 65 , 76 , 10} ;
    int f = 1 ;//标示循环
    while(f){
        f = 0 ; //初始化标志变量
        for(int j = 0 ; j < 9 ; j ++){//少一个数，前后比较，最后一个数不用处理
            if(arr[j]>arr[j+1]){
                int t = arr[j] ;
```

```
            arr[j] = arr[j+1] ;
            arr[j+1] = t ;
            f = 1 ;//修改标志变量
        }
    }
}
for(int i = 0 ; i < 10 ; i ++){
    printf("%d " , arr[i]) ;
}
return 0 ;
}
```

这已经是很经典的冒泡排序程序了，但是还有可优化的空间。

再分析一下前面内层循环每次交换数据后产生的结果，你就会发现，最大的
数 99 只需排一次就会被交换到最后的位置，剩下的最大数 76 也在下一次排序中
直接被交换到合适的位置。

瑞说："因为是从前向后判断的，所以最大的数会一直和后面的数交换。"

如果我们是从后向前交换的，那就意味着一次排序就能将最小的数换到第一
位。这时，我们还可以考虑能不能从前面交换到最后，再从后面交换到前面。另
外根据这个规律，内层循环也不需要每次都循环 10 次。

代码 16-9

```
#include <stdio.h>
int main() {
    int arr[] = {32 , 9 , 36 , 12 , 2 , 99 , 15 , 65 , 76 , 10} ;
    int f = 1 , start = 0 , end = 9 ;//标示循环
    while(f){
        f = 0 ; //初始化标志变量
        //从前向后遍历
        for(int j = start ; j < end ; j ++){
            if(arr[j]>arr[j+1]){
                int t = arr[j] ;
                arr[j] = arr[j+1] ;
                arr[j+1] = t ;
                f = 1 ;//修改标志变量
            }
        }
        if(!f){//如果到这里没有交换了，就意味着成功了
            break ;
```

```
}
    end -- ；//下次少遍历一位
    //从后向前遍历
    for(int j = end ; j > start ; j --){
        if(arr[j]<arr[j-1]){
            int t = arr[j] ;
            arr[j] = arr[j-1] ;
            arr[j-1] = t ;
            f = 1 ;
        }
    }
    start ++ ；//下次少遍历一位

    //显示每次的状态，实际排序的时候，这个部分不需要
    for(int i = 0 ; i < 10 ; i ++){
        printf("%d  " , arr[i]) ;
    }
    printf("\n") ;
}
for(int i = 0 ; i < 10 ; i ++){
    printf("%d " , arr[i]) ;
}
return 0 ;
}
```

显示结果如图 16-2 所示。

图 16-2　代码 16-9 的显示结果

外循环只运行两遍就排序成功了，这个优化效果相当明显。但是这种写法
在实际应用中并不多见。冒泡排序算法的优点在于程序编写起来逻辑比较简单，
但排序效率不高，只是写起来容易。在要求不高的情况下，程序员倾向于用冒
泡排序。

16.3　插入排序

假设在数组中有 9 个从小到大的有序数字：2、9、10、12、32、36、65、76 和 99。现在要加入一个新的数字 15，并保证加入后这个数组中的数字仍然是有序的。

事实上，这个任务并不难。首先要找到合适的插入位置——15 应该在 12 和 32 的中间。如果用程序描述，我们要从第一个数向后遍历，取出每个数字和 15 比较，一旦发现有比 15 大的数字，立刻停下来，这个位置就是 15 要插入的位置。但是不能直接将 15 赋值到那个位置上，因为直接赋值会导致该位置上原本的数字 32 丢失。所以需要从最后的数字开始逐个向后移动，一直移动到需要插入的位置，然后才能够插入新的数值。前面已实现过从后向前循环的代码。

瑞说："要一个一个地移出一个空隙。"

探索：编写程序实现这个功能：将用户输入的数字插入有序的数组中，并保证插入后数组中的数字仍然有序排列。

代码 16-10

```c
#include <stdio.h>
int main() {
    int arr[10] = {2 ,9 ,10 ,12 ,32 ,36 ,65 ,76 , 99,-1} ;//多声明一位
    int n = 15 ;
    int index = 9 ;//思考一下为什么初值是 9
    //找到要插入的位置，将下标保存到变量 index 中
    for(int i = 0 ; i < 10 ; i ++){
        if(arr[i]>n){
            index = i ;
            break ;
        }
    }
    //从最后一位开始向后移动数字，一直到插入的位置
    for(int i = 9 ; i > index ; i --){
        arr[i] = arr[i-1] ;
    }
```

```
    //插入数字 n
    arr[index] = n ;
//显示结果
    for(int i = 0 ; i < 10 ; i ++){
        printf("%d " , arr[i]) ;
    }
    return 0 ;
}
```

如果你理解并掌握了这个程序，也就理解了插入排序的基本思路：先假定数组中的第一个数是有序的，程序取出第二个数，按照插入有序数字序列的规则插入第二个数，这样数组的前两个数就是有序的，然后取出第三个数插入前面，以此类推。

具体到编写程序，需要一个循环从第二个数开始逐个找到每个数，确定需要插入的位置后，将这个数字插入该位置前面。

代码 16-11

```
#include <stdio.h>
int main() {
    int arr[] = {2 ,9 ,10 ,12 , 15 , 32 ,36 ,65 ,76 , 99} ;
    for(int i = 1 ; i < 10 ; i ++){//从第二个数向后取每个值
        int index = i;//思考一下为什么初值是 i
        //找到插入的位置
        for(int j = 0 ; j < i ; j ++){
            if(arr[j]>arr[i]){
                index = j ;
                break ;
            }
        }
        //向后移
        for(int j = i ; j > index ; j --){
            arr[j] = arr[j-1] ;
        }
        //插入
        arr[index] = arr[i] ;
    }

    for(int i = 0 ; i < 10 ; i ++){
        printf("%d " , arr[i]) ;
    }
    return 0 ;
}
```

这个程序的逻辑已经比较复杂了。你要确保的是，在编写程序的过程中，思路一直是清晰的，知道每步做的事情到底是什么。如果真的实现不了，问题一定不在这个程序上，而是你前面的练习不够，没有真正地理解整个程序的思路。

16.4　桶排序

我们已经学习了三种排序算法，其中哪种最好呢？其实它们并没有本质上的区别，总体上都需要两个循环嵌套。我们用执行这个算法需要的时间量 O 来表示时间复杂度，有 x 层循环，时间复杂度就是 $O(n^x)$。这样看来这几个循环的时间复杂度都是 $O(n^2)$。当然，在具体情况下，它们的执行次数还是有差异的。

这三种排序算法还有一个共同之处——都是基于数字大小比较进行的。

瑞说："这么说，难道还有不比较数字大小的排序？"

桶排序不需要比较大小，但是桶排序只在特定的情况下有效。先看任务，我们有十个数要排序：12，2，9，14，3，1，5，8，6，10。

观察后发现，这十个数的大小范围差别不大，并且没有重复数字。这种情况就可以使用桶排序。桶排序算法的思路是：声明一个新的数组，新数组的大小范围是要排序的数字的大小范围。上述数字最大值是 14，我们就可以声明大小为 15 的数组。遍历这些数字，将每个数字放到新数组对应下标的位置上，如第一个数 12 就存储到新数组 12 下标的位置。你应该理解这个思路了吧？

瑞说："好奇妙的想法。"

代码 16-12

```
#include <stdio.h>
int main() {
    int arr[] = {12,2,9,14,3,1,5,8,6,10} ;
    int newArr[15] = {0} ;
    for(int i = 0 ; i < 10 ; i ++){
```

```
            newArr[arr[i]] = arr[i] ;//用原数组的值做新数组的下标
    }
    //显示新数组的内容
    for(int i = 0 ; i < 15 ; i ++){
        printf("%d " , newArr[i]) ;
    }
    printf("\n") ;

    //删除 0，存入 arr
    int j = 0 ;
    for(int i = 0 ; i < 15 ; i ++){
        if(newArr[i]){
            arr[j++] = newArr[i] ;
        }
    }

    //显示排序后的结果
    for(int i = 0 ; i < 10 ; i ++){
        printf("%d " , arr[i]) ;
    }
}
```

这就是桶排序。这段程序的编写思路主要利用了数组下标一定会从小到大排列的规律。这个程序的时间复杂度是 $O(n)$。

16.5　随机数

在学习排序算法的过程中，一直用十个数字做测试。虽然只有十个数字不过瘾，但更多的数字的输入却并不是一件让人愉悦的事情。有没有办法用程序自动随机生成一堆数呢？现在我们就来学习 C 语言中的随机数。

在编程世界里，随机数十分重要。到目前为止，编程的主要目的就是对世界的模拟。无论是自然世界还是人类社会，到处都能看到随机数的身影：从天气变化到昆虫的分布，从彩票抽奖到游戏中随机出现的敌人……如果程序无法生成随机数，就会有太多工作无法完成。

瑞问："能举个程序中与随机数有关的例子吗？"

我们在上网的时候常常会输入用户名和密码，登录自己的账户。问题是当很多人同时连接时，网站的服务器怎么能够识别出是你在登录？如果识别错误，就意味着你有可能错误地进入别人的账户，当然别人也有可能错误地进入你的账户。为了识别不同的用户，网站服务器会生成一个用户标志发送给你，之后你的每步操作会同时带着这个标志信息，并被发送到服务器上，网站服务器就会识别出你，同时保护你的账户不被别人操作。这个标志信息非常重要，每个用户的标志信息均不同，并且不会被人猜出来。用户标志信息通常用随机数生成，如果这个随机数容易被猜到，那么这个网站就会不安全。网络上别有用心的黑客就可以通过获取别人的用户标志信息来伪装自己，侵入别人的账户，进行非法的操作。

但对于计算机程序来讲，随机数是一个重大难题，因为计算机的主要特征就是确定性，每条程序代码都一定能够得到唯一的结果。如何用程序生成随机数成为很多数学家的研究课题。数学家也提出了各种各样用程序生成随机数的方案，可是所有的方案都不是真正正确的，因为得到的都不是真的随机数。我们将这些方案生成的数称为伪随机数。因为这些方案都能被猜出来，所以数学能力很强的黑客可以通过找到服务器伪随机数生成方案，推断出用户标志信息。

最早研究随机数的人是冯·诺依曼，你没看错，又是这位被称为现代电子计算机之父的人，他是个全才。冯·诺依曼是美籍匈牙利人，提出了冯·诺依曼计算机体系结构。到目前为止，绝大多数计算机都基于冯·诺依曼体系结构。他也是博弈论之父，这属于经济学领域，编程中也会用到。冯·诺依曼同时也是核武器、生化武器、流体力学、量子物理学专家，在算子理论、共振论、量子理论、集合论等方面的研究闻名世界，也开创了冯·诺依曼代数。冯·诺依曼的很多研究纯属偶然，他在机缘巧合下接触了一个问题，然后有了兴趣，就能很快取得研究成果，并深刻地影响了这个领域。在他研究的众多问题中，生成随机数仅仅是个数学问题，似乎并不值得一提。但从他开始，对生成随机数的方案的探索一直没有停止过。

瑞说："他真是个天才。"

我们来看看冯·诺依曼的做法。冯·诺依曼的方案叫作平方取中法。开始以一个数字作为种子，计算它的平方，然后取平方值中间的四个数作为随机数，最后再计算这一随机数的平方，并用相同的方法来获取下一个随机数。我们来举个例子，如种子是 5324，如表 16-1 所示。

表 16-1 平方取中法

随机数	平方值	中间值
5324	28344976	3449
3449	11895601	8956
8956	80209936	2099
2099	4405801	4058

你看懂这个规律了吧？这个想法虽然不错，也没什么高深之处，而且看上去确实产生了随机数，但是这样的随机数没法满足我之前描述的那个生成用户标志信息的需求。因为这样生成的随机数是可以预料的，一旦最初输入的种子被猜到，那么每步随机数都会被重新计算出来，所以这样的随机数不安全。真正安全的随机数是完全不可以被重新计算出来的，这个要求对于程序来说不可实现。因为种子不是随机的，只要运算过程是确定的，伪随机数的结果就一定会被还原出来。

C 语言提供了一个函数 rand()，这个函数实现了随机数生成的算法，调用后会返回一个随机数。后来，人们避开了数学运算，想到了很多能够真正生成随机数的方案，如检测 CPU 的温度变化、检测用户敲击键盘的间隔时间、鼠标指针在屏幕上停留的位置，甚至是 Wi-Fi 信号强弱的变化。这些方案可行的根本原因是随机数的生成依赖硬件所提供的信息，这才是真正随机的。对于编程语言来说，这些方案不具有通用性，具体的一台计算机不一定会提供你需要的硬件信息。

瑞说："单靠程序员解决不了问题，还要知道计算机能提供什么。"

为了使编程语言足够通用，C 语言提供的 rand()函数并没有指定种子。程序员可以根据具体的计算机硬件情况，决定采集什么硬件信息作为种子。如果对于随机数的要求不太高，有一类硬件信息计算机通常会提供，那就是计算机当前的时间。C 语言的标准库函数也提供了获取计算机当前时间的函数。如果对于随机数的要求很高，那么当前时间并不是个好的选择，因为时间很容易被猜到。

C 语言提供了一组标准库函数，让我们在编程时可调用一些既基础又必不可少的功能。标准库函数并不是编程语言语法级别的定义。C 语言的程序员必须使用 C 语言的语法，但在有更好选择的情况下，也可以选择不使用标准库函数。若我们实现了一个更好的随机数生成算法，就不用标准库函数中的 rand() 了。

瑞说："用标准库函数的 rand()，计算方法很容易被猜出来。"

现在我们来看一下标准库函数中关于生成随机数部分的用法。

代码 16-13
```
#include <stdio.h>
#include <stdlib.h>//导入标准库函数
int main() {
    int n = rand() ;//生成随机数
    printf("%d " , n) ;
}
```

这段程序生成了随机数，但是如果多运行几次，我们就会发现它生成的数是一样的。在我们没有提供种子的情况下，默认的种子是 1，rand() 提供的仅仅是随机数生成的算法。在种子不变、算法不变的情况下，生成的数字是确定的。现在我们将随机数生成函数放到循环里看看结果。

代码 16-14
```
#include <stdio.h>
#include <stdlib.h>
int main() {
    for(int i = 0 ; i < 10 ; i ++){
        int n = rand() ;
        printf("%d " , n) ;
    }
}
```

显示结果如图 16-3 所示。

图 16-3　代码 16-14 的显示结果

运行后发现确实生成了 10 个看上去没有规律的数，但是多次运行后发现，每次生成的 10 个数都是一样的，我想你应该知道原因。下面我们指定其他的种子。

```
代码 16-15
#include <stdio.h>
#include <stdlib.h>
int main() {
    srand(8) ;//设置 rand()产生随机数的种子
    int n = rand() ;
    printf("%d " , n) ;
}
```

瑞说：**"明白了，随机种子很关键。"**

更换几个种子体会一下所生成随机数的变化。其实到现在为止，我们并没有得到真正让人信服的随机数。下面引入时间来作为种子。虽然我一再强调时间并不是唯一可用的种子，但你可以体会一下 C 语言设计者将提供种子和生成随机数分开的良苦用心，这确保了足够好的灵活性。我们先体会一下获取当前时间的程序。

```
代码 16-16
#include <stdio.h>
#include <time.h> //导入时间库
int main() {
    long long n = time(NULL) ;//获取当前时间
    printf("自 1970-01-01 起的秒数 = %ld\n" , n) ;
}
```

NULL 是空的意思，time(NULL)返回的是从 1970 年 1 月 1 日 0:00:00 到当

前经过的秒数。没法判断这个数字是否正确。我们显示一下当前年份吧，3600
秒是一个小时，一天 24 小时，一年 365 天，从 1970 年开始，所以，变化一下
程序。

代码 16-17

```
#include <stdio.h>
#include <time.h>
int main() {
    long long n = time(NULL) ;
    printf("今年是%d年\n" , 1970+n/3600/24/365) ;
}
```

现在我们用当前的秒数作为种子来生成随机数吧。

代码 16-18

```
#include <stdio.h>
#include <stdlib.h>
#include <time.h>
int main() {
    srand(time(NULL));
    for(int i = 0 ; i < 10 ; i ++){
        int n = rand() ;
        printf("%d\n" , n) ;
    }
}
```

显示结果如图 16-4 所示。

图 16-4 代码 16-18 的显示结果

这些已经可以满足大多数情况下人们对随机数的需要了。进一步的问题是，
我们往往希望能够生成一个范围的随机数，如生成 0~100 的随机数，这该怎么
办？这并不难，动脑筋想想如何通过运算限定随机数的范围，如 100~200。

```
代码 16-19
#include <stdio.h>
#include <stdlib.h>
#include <time.h>
int main() {
    srand(time(NULL));
    for(int i = 0 ; i < 10 ; i ++){
        int n = rand()%100+100 ;
        printf("%d\n" , n) ;
    }
}
```

数字取 100 的余数就会在 100 以内，加上 100 就会在 100~200。

16.6　二分查找

查找在程序中是很常见的。如果是一组无序的数据，我们只能一个个地找下去，下面生成 100 个 100~999 的随机数。

探索：接收用户输入的一个数字，查找随机数中是否有这个数字。这个任务分成了两个步骤：第一步生成随机数，第二步进行查找。

```
代码 16-20
#include <stdio.h>
#include <stdlib.h>
#include <time.h>
int main() {
    int arr[100] ;
    srand(time(NULL));
    for(int i = 0 ; i < 100 ; i ++){
        arr[i] = rand()%900+100 ;
        //printf("%d " , arr[i]) ;
    }

    int num ;
    scanf("%d" , &num) ;
    for(int i = 0 ; i < 100 ; i ++){
        if(num == arr[i]){
            printf("找到了") ;
```

```
        return 0;
    }
}
printf("没找到") ;
return 0 ;
}
```

在这个程序实现的过程中，我再次使用了 return 的技巧。

如果这些数字是有序的话，就不需要这样一个个地找了。二分查找的过程是：先看一下中间的数字，第 50 位，如果这个数字大于输入的数字，就向前找，找前面中间的数字，第 25 位；否则就向后找，找后面中间的数字，第 75 位，这样一直找下去。虽然这个算法很容易描述，但并不容易用程序实现。

我们学会了生成随机数，那么排序应该也不是问题。判断大小很简单，难点在于确定下一次要找的那个数的下标。

思考：第一次是 50，容易想到这是因为 100/2；向前找 25 也容易，即刚刚的 50/2；但是向后跳的 75 该如何算出来？剖析这个问题，首先是要跳 25，25 是从 50 到 100 之间的一半，要从 50 向后 25，所以得到 75，50+(100−50)/2 这个计算是合理的思路。但这样还不行，我要找到向前跳与向后跳的统一规律，这样才能写程序。先将上面的那个算式变换一下，$50+\dfrac{100-50}{2}=\dfrac{50\times 2}{2}+\dfrac{100-50}{2}=\dfrac{100+50}{2}$，所以 75 是 (100+50)/2 的结果，为了凑出规律，我们将算出第一个数——50，即 (100+0)/2。25 是 (50+0)/2。假设 75 向前跳，正确的位置应该是 62，用 (75+50)/2 获得。

不知道你是否能理解这个思路？找中间那个数，是一个范围的中间：50 是 0~100 的中间；25 是 0~50 的中间；75 是 50~100 的中间；62 是 50~75 的中间。因此我需要两个变量：一个存储范围的最小值，一个存储范围的最大值。中间就是 (最小值+最大值)/2。不断地判断中间的那个数，如果恰好相等就说明找到了。

那么出现哪种情况就标志着没有呢？如果最大值和最小值靠在了一起就应该是
没有。

探索：思路分析到这里，可以试着写程序了：第一步，生成 100 个随机数；
第二步，排序，用哪种排序算法都行；第三步，二分查找。

代码 16-21

```c
#include <stdio.h>
#include <stdlib.h>
#include <time.h>
int main() {
    int arr[100] ;
    //生成 100 个随机数
    srand(time(NULL));
    for(int i = 0 ; i < 100 ; i ++){
        arr[i] = rand()%900+100 ;
    }
    //排序
    int f = 1 ;
    while(f){
        f = 0 ;
        for(int i = 0 ; i < 99 ; i ++){
            if(arr[i]>arr[i+1]){
                int t = arr[i] ;
                arr[i] = arr[i+1] ;
                arr[i+1] = t ;
                f = 1 ;
            }
        }
    }

    //二分查找
    int num ;
    scanf("%d" , &num) ;
    int min = 0 , max = 99 ;
    while(1){
        int mid = (max+min)/2 ;
        if(max==min||max==min+1){
            printf("没找到") ;
            break ;
        }
        if(num==arr[mid]){
            printf("找到了") ;
            break ;
```

```
        }
        if(num>arr[mid]){
            min = mid ;
        }
        if(num < arr[mid]){
            max = mid ;
        }
    }
    return 0 ;
}
```

查找时有四种情况。

第一种情况，找到了。

第二种情况，范围的最大下标数和最小下标数重叠，或是最大下标数只比最小下标数大 1，这时就认为找不到了，结束查找。

第三种情况，数组中当前的数小于查找的数，将标志范围的最小下标变成当前这个数的下标，这样范围就向前减少了一半。

第四种情况，数组中当前的数大于查找的数，将最大值变成当前值，然后通过循环再次确定下一个中间下标。

瑞说：“这个程序的难点是计算中间数字的下标。”

第 17 章

复杂的数据

C 语言定义的基本数据类型并不能准确地描述这个世界，因此 C 语言不得不提供一个渠道，将很多基本的数据类型组合起来，产生新的复杂数据类型，这就是结构体。我们以如何描述学生的信息为例学习结构体。

一个班里有 10 位同学，每位同学有学号、姓名、年龄、性别和考试成绩，现在要用考试成绩排序。学号通常是个字符串，姓名是字符串，年龄是整数数字，性别是数字，用 0 代表女，1 代表男，考试成绩是浮点型数字。看来这些信息需要存储在几个不同数据类型的数组里。

```
char no[10][10] = {"10001" , "10002" , "10003" , "10004" , "10005" , "10006" ,
"10007" , "10008" , "10009" , "10010"} ;
char name[10][10]= {"刘一","陈二","张三","李四","王五","赵六","孙七","周八","
吴九","郑十"};
int sex[10] = {0 ,1 ,1 ,1 ,0 ,0 ,1 ,0 ,0 ,1};
int age[10] = {10 ,8 ,11 ,10 ,9 ,10 ,13 ,9 ,12 ,11} ;
float succ[10] = {76.3 , 66.5 , 88.2 , 76.9 , 99 , 65 , 100 , 92.5 , 56 ,
82.3};
```

我们知道这些数组中的数据是有对应关系的，将这些信息联系在一起靠的是共同的数组下标。那就意味着在排序的过程中，交换数据时一定要将所有与数组相关的数据都做交换。

代码 17-1

```
int f = 1 ;
while(f){
    f = 0 ;
    for(int i = 0 ; i < 9 ; i ++){
        if(succ[i]<succ[i+1]){//正常的成绩排序应该是从大到小
            f = 1 ;
            char tmpNo[10] ;//交换学号
            for(int j = 0 ; j < 10 ; j ++){
                tmpNo[j] = no[i][j] ;
                no[i][j] = no[i+1][j] ;
                no[i+1][j] = tmpNo[j] ;
            }
            char tmpName[10] ;
            for(int j = 0 ; j < 10 ; j ++){
                tmpName[j] = name[i][j] ;
                name[i][j] = name[i+1][j] ;
```

```
                name[i+1][j] = tmpName[j] ;
            }

            int tmpSex = sex[i] ;
        sex[i] = sex[i+1] ;
            sex[i+1] = tmpSex ;

            int tmpAge = age[i] ;
            age[i] = age[i+1] ;
            age[i+1] = tmpAge ;

            float tmpSucc = succ[i] ;
            succ[i] = succ[i+1] ;
            succ[i+1] = tmpSucc ;
        }
    }
}

for(int i = 0 ; i < 10 ; i ++){
    printf("第%d名：学号：%s 姓名：%s 性别：%d 年龄：%d 成绩：%.2f\n",i+1,no[i],
name[i] , sex[i] , age[i] , succ[i]) ;
    }
```

我没有提供完整的程序，因为前面对数组的初始化没必要再写一遍。还有一处不太完美的地方，即性别存储的时候用的是 0 或 1，其实最好是显示男或女。如果要完善结果，在显示的时候要加上一个 if 判断。

瑞说：“同时交换这么多数组，太烦了。”

这个程序在逻辑上并不复杂，但是要小心翼翼地处理每个数组，尤其是字符串数组的交换。因为字符串在 C 语言中就是字符数组，所以不能直接赋值，要用循环一个字符一个字符地交换。

瑞说：“这个过程可以用一个函数来简化。”

但是依然没有解决本质问题。在实际的编程过程中，类似的多个数据构成了一个人的情况非常普遍。作为一个人，这些数据事实上是不可分隔的。是否能将这些紧密相关的数据绑定在一起作为整体操作呢？这个想法深刻地影响了编程语言领域的发展，在这个基础上逐步地提出了面向对象的编程思想。C++的重大改变就在于此。

C 语言提供了将不可分割的数据组合在一起的语法——结构体。结构体本质上是一个新的数据类型，和其他的数据类型不同的是：我们学过的数据类型都是由 C 语言的设计者提供的，是和内存存储紧密相关的基础数据类型；而结构体是程序员自己定义的、在逻辑上将一些数据绑定在一起的数据类型。我们还是用学生信息来举例子：

```
struct student {
    char no[10] ;
    char name[10] ;
    int sex ;
    int age ;
    float succ ;
};
```

这样我们就定义了一个叫 student 的数据类型。需要强调的是，这只是一个数据类型，与 char、int 没有差别，到目前为止，我们并没有声明任何变量。

注意：定义结构体时，大括号后面有一个分号，这个做法和我们过去的习惯不同，编程过程中容易忘记写这个分号。

结构体只是一个数据类型，所以还需要用结构体声明变量。

```
student st1 ;
```

我们有了一个新的变量 st1，但事实上我们一下子声明了 5 个变量。只不过现在这 5 个变量有了一个总的名字——st1。这看上去和数组有些像，数组也是将一堆变量组合在一起，起一个统一的名字。不同的是，数组里变量的数据类型是相同的，而结构体允许变量的数据类型不同。

那么如何针对具体的变量进行赋值或取值操作呢？

```
student st1 = {"10001" , "刘一" , 0 , 10 , 76.3} ;
```

这样就能够在声明的时候赋上初值。

```
printf("学号:%s 姓名:%s 性别:%d 年龄:%d 成绩:%f\n",st1.no,st1.name,st1.sex,
st1.age , st1.succ) ;
```

使用"结构体变量名.成员名"来访问变量中具体的某个成员。但要注意的是，不能写成 st1.name="刘一";，因为字符串赋值还是要遵守按位赋值的原则。

现在我们用结构体重新实现按照学生学习成绩排序的程序。

代码 17-2

```
#include <stdio.h>
int main() {
    struct student {
        char no[10] ;
        char name[10] ;
        int sex ;
        int age ;
        float succ ;
    };
    student st1[10] = {{"10001" , "刘一" , 0 , 10 , 76.3},
{"10002","陈二",1,8,66.5},{"10003","张三",1,11,88.2},{"10004",
"李四" , 1 , 10 , 76.9},
    {"10005", "王五", 0 , 9 , 99},{"10006", "赵六", 0 , 10 , 65},{"10007",
"孙七" , 1 , 13 , 100},
    {"10008", "周八", 0 , 9 , 92.5},{"10009", "吴九", 0 , 12 , 56},{"10010",
"郑十" , 1 , 11 , 82.3} };

    //排序
    int f = 1 ;
    while(f){
        f = 0 ;
        for(int i = 0 ; i < 9 ; i ++){
            if(st1[i].succ<st1[i+1].succ){//交换
                f = 1 ;
                student tmp = st1[i] ;
                st1[i] = st1[i+1] ;
                st1[i+1] = tmp ;
            }
        }
    }

    //显示
    for(int i = 0 ; i < 10 ; i ++){
        printf("第%d 名: 学号:%s 姓名:%s 性别:%d 年龄:%d 成绩:%.2f\n" ,
            i+1 , st1[i].no , st1[i].name , st1[i].sex , st1[i].age ,
st1[i].succ) ;
```

```
    }
    return 0 ;
}
```

将这个程序实现出来，你就能体会到结构体在这样的任务中所提供的便利是非常大的。

反侵权盗版声明

　　电子工业出版社依法对本作品享有专有出版权。任何未经权利人书面许可，复制、销售或通过信息网络传播本作品的行为；歪曲、篡改、剽窃本作品的行为，均违反《中华人民共和国著作权法》，其行为人应承担相应的民事责任和行政责任，构成犯罪的，将被依法追究刑事责任。

　　为了维护市场秩序，保护权利人的合法权益，我社将依法查处和打击侵权盗版的单位和个人。欢迎社会各界人士积极举报侵权盗版行为，本社将奖励举报有功人员，并保证举报人的信息不被泄露。

举报电话：（010）88254396；（010）88258888

传　　真：（010）88254397

E-mail：　dbqq@phei.com.cn

通信地址：北京市万寿路 173 信箱

　　　　　电子工业出版社总编办公室

邮　　编：100036